Torben Peichl

Einfluss mechanischer Deformation auf atomare Tunnelsysteme – untersucht mit Josephson Phasen-Qubits

Experimental Condensed Matter Physics
Band 4

Herausgeber
Physikalisches Institut
    Prof. Dr. Hilbert von Löhneysen
    Prof. Dr. Alexey Ustinov
    Prof. Dr. Georg Weiß
    Prof. Dr. Wulf Wulfhekel

Eine Übersicht über alle bisher in dieser Schriftenreihe
erschienenen Bände finden Sie am Ende des Buchs.

Einfluss mechanischer Deformation auf atomare Tunnelsysteme – untersucht mit Josephson Phasen-Qubits

von
Torben Peichl

Dissertation, Karlsruher Institut für Technologie
Fakultät für Physik
Tag der mündlichen Prüfung: 09.02.2012
Referenten: Prof. Dr. Georg Weiß, Prof. Dr. Alexey Ustinov

Impressum

Karlsruher Institut für Technologie (KIT)
KIT Scientific Publishing
Straße am Forum 2
D-76131 Karlsruhe
www.ksp.kit.edu

KIT – Universität des Landes Baden-Württemberg und nationales
Forschungszentrum in der Helmholtz-Gemeinschaft

KIT Scientific Publishing 2012
Print on Demand

ISSN 2191-9925
ISBN 978-3-86644-837-7

Vorwort

Diese Dissertation basiert im Wesentlichen auf den letzten beiden Jahren meiner fünfjährigen wissenschaftlichen Arbeit in der Gruppe von Professor Georg Weiß. Das Projekt, kohärente atomare Tunnelsysteme mittels Josephson Phasen-Qubits zu untersuchen, über dessen erste faszinierende Daten berichtet wird, wurde gemeinsam mit Professor Alexey Ustinov entwickelt. Die Durchführung erfolgte dann in Kooperation mit Jürgen Lisenfeld und Grigorij Grabovskij in seiner Gruppe. Der schnelle Fortschritt des Projektes ist mehreren Faktoren zu verdanken. Die gute Ausstattung und Infrastruktur der Gruppe von Professor Ustinov war eine Grundvoraussetzung. Dazu kam die langjährige Erfahrung von Jürgen, der bereits in seiner Dissertation die Messtechnik der Phasen-Qubits intensiv studiert und in einem komplexen Messprogramm weitestgehend automatisiert hat. Bei der Durchführung der Messungen und Auswertung der Daten war die intensive Zusammenarbeit mit Grigorij, der ebenfalls bereits während seiner Diplomarbeit mit Phasen-Qubits gearbeitet hat, sehr hilfreich, da ich mich parallel noch in den Bereich einarbeiten musste. Außerdem konnte ich bereits während der Planungsphase die Vorarbeit für das Design und die Umsetzung des Probenhalters leisten.

Bereits zu Beginn meiner Promotion zeichnete sich ab, dass aufgrund der Bauarbeiten des DFG Centrum für funktionelle Nanostrukturen mit Behinderungen zu rechnen war. In der Folge mussten wir zwei unserer drei Laboratorien vollständig stilllegen und konnten im Dritten nur eingeschränkt arbeiten. Neben dem Baustopp, der diese Zeit weit über die geplante Unterbrechung hinaus verlängerte, benötigte auch die Wiederinbetriebnahme unserer Anlagen, welche trotz aller Vorsichtsmaßnahmen in Mitleidenschaft gezogen wurden, länger als erwartet. Auch unter diesen erschwerten Bedingung war es mir während meiner Promotion möglich insgesamt drei Bachelor- und acht Diplomarbeiten erfolgreich in unserer Gruppe zu betreuen. Dank der Unterstützung von Professor Weiß konnte ich mich bereits 2007 erfolgreich für die Teilnahme am CryoCourse bewerben.

Dabei handelt es sich um ein europäisches Ausbildungsprogramm, das den Austausch von jungen Wissenschaftlern und Ingenieuren im Bereich der Tieftemperaturphysik unter der Anleitung erfahrener Wissenschaftler ermöglichen soll. Diese Veranstaltung war nicht nur für meine wissenschaftliche Arbeit prägend, sondern auch eine enorme persönlichen Bereicherung. Aus diesem Grund kann ich künftigen Doktoranden nur empfehlen diese Gelegenheit ebenfalls zu nutzen.

Jetzt da meine Dissertation fertig ist bin ich sehr froh, dass ich durchgehalten habe. Ich denke es hat sich wirklich gelohnt! Ich hoffe, dass mit dieser Arbeit ein Grundstein gelegt wurde, von dem in Zukunft sowohl die Forschung auf dem Bereich der Quantenbits profitieren als auch die Physik der Tunnelsysteme weiter beleuchtet werden kann.

Abschließend möchte ich allen die sich in einer ähnlichen Situation befinden, die Kraft und das Durchhaltevermögen wünschen auch ihre Arbeit erfolgreich abzuschließen, ohne dabei die Freude an der Wissenschaft zu verlieren. In der Grundlagenforschung darf man die Zeit für eine fundierte Ausbildung nicht unterschätzten. Gerade der Umstand, dass viele große Entdeckungen auf der Interpretation zufälliger Abweichungen basieren zeigt, wie wichtig es ist, dass man geduldig forscht.

Inhaltsverzeichnis

1 Einleitung

Am 10. Juli 1908 gelang es Heike Kamerlingh Onnes erstmals, Helium zu verflüssigen. Die Verfügbarkeit von flüssigem Helium war ein wichtiger Schritt für die Festkörperphysik. In dem nun zugänglichen Temperaturbereich um ein Kelvin sollten viele neue Erkenntnisse gewonnen werden. Onnes selbst entdeckte drei Jahre später die Supraleitung an Quecksilber und konnte im selben Zeitraum einen ersten Aspekt der Suprafluidität beschreiben. Dieses, inzwischen als Onnes-Effekt bekannte, Phänomen beschreibt die Eigenschaft suprafluider Flüssigkeiten, dünne Filme auf Oberflächen zu bilden, welche auch gegen die Schwerkraft über höher gelegene Hindernisse fließen können. Für seine Arbeiten im Bereich der Tieftemperaturphysik erhielt er 1913 den Nobelpreis für Physik.

Ein erster Ansatz für die theoretische Beschreibung der Supraleitung wurde 1935 mit den London-Gleichungen von F. und H. London vorgestellt. Neu war dabei die Tatsache, dass Magnetfelder eine endliche Eindringtiefe in supraleitende Materialien besitzen und somit an deren Oberflächen existieren können. Danach dauerte es etwa 15 Jahre, bis mit der Ginzburg-Landau-Theorie eine makroskopische, thermodynamische Beschreibung gefunden wurde. Dabei wird der Übergang vom normalleitenden in den supraleitenden Zustand als Phasenübergang zweiter Ordnung betrachtet und der Betrag der elektronischen Wellenfunktion als Ordnungsparameter verwendet. Weitere sieben Jahre später gelang es Bardeen, Cooper und Schrieffer, eine vollständige, mikroskopische Theorie zu entwickeln, welche alle Aspekte der konventionellen Supraleitung beschreibt. Für ihre BCS-Theorie erhielten sie 1972 den Nobelpreis für Physik.

Anfang der 50er Jahre gab es einen weiteren großen Schritt in der Tieftemperaturphysik. Mit dem Konzept der ^{3}He-^{4}He-Mischungskühlung, das von H. London und anderen vorgeschlagen wurde, war nun ein kontinuierliches Experimentieren bei Temperaturen um zehn Millikelvin möglich.

1962 beschäftigte sich B. D. Josephson mit dem elektronischen Transport zwischen zwei Supraleitern, die durch eine nicht-supraleitende Barriere schwach gekoppelt sind. Er kam zu dem Schluss, dass auch in dieser Situation ein Suprastrom aufgrund tunnelnder Cooper-Paare fließen sollte. Für seine Arbeit, die inzwischen als Josephson-Effekt bekannt ist, erhielt er 1973 den Nobelpreis für Physik.

Basierend auf dem Josephson-Effekt und der Quantisierung des magnetischen Flusses in supraleitenden Ringen wurden sogenannte SQUIDs (**S**uperconducting **QU**antum **I**nterference **D**evices) gebaut, die inzwischen als empfindliche Magnetometer vielfältig zum Einsatz kommen und auch die Grundlage für das in dieser Arbeit verwendete Phasen-Qubit darstellen.

1971 berichteten Zeller und Pohl über Anomalien in den Daten des thermischen Leitwertes und der spezifischen Wärme verschiedener Gläser bei tiefen Temperaturen. Diese Untersuchungen führten zur Entwicklung des phänomenologischen Tunnelmodells, das auf der Beschreibung durch Zwei-Zustands-Systeme basiert, die 1972 von P. W. Anderson, B. I. Halperin und C. M. Varma als auch von W. A. Phillips unabhängig voneinander formuliert wurde. Das Tunnelmodell geht davon aus, dass in amorphen Festkörpern strukturelle Umlagerungen infolge atomarer Tunnelprozesse auch bei Temperaturen unterhalb von ein Kelvin möglich sind. Diese werden allgemein als ein Teilchen in einem Doppelmulden-Potential beschrieben ohne auf mikroskopische Details einzugehen. Das Modell kann die meisten Beobachtungen sehr gut beschreiben, wie inzwischen durch viele unabhängige Messungen belegt ist. In der Tat ist es erstaunlich, dass ein phänomenologisches Modell, dessen mikroskopische Zusammenhänge bis heute nicht aufgeklärt werden konnten, einen solch universellen Charakter hat.

In der Tradition von Professor Siegfried Hunklinger beschäftigt sich unsere Arbeitsgruppe unter der Leitung von Professor Georg Weiß mit der weitergehenden Untersuchung verschiedener Effekte, die ebenfalls auf die Anwesenheit von Tunnelsystemen zurückgeführt werden können. Empfindliche Kapazitätsmessungen liefern Informationen über das Verhalten von amorphen, dielektrischen Schichten. Dabei wird der Einfluss der Tunnelsysteme infolge der Kopplung des elektrischen Feldes an das Dipolmoment der Tunnelsysteme sichtbar. Von besonderem Interesse sind dabei die beobachteten Magnetfeldabhängigkeiten. Sogenannte „vibrating Reed" Messungen, bei denen ein dünnes Plättchen des zu untersuchenden Materials zu mechanischen Schwingungen angeregt wird, geben Aufschluss über die Kopplung der Tunnelsysteme an die mechanische Deformation. Verwendet man metallische Gläser, die supraleitend werden, so kann insbesondere zwischen dem Beitrag durch die Kopplung an Phononen und Elektronen unterschieden werden. Alle Daten, welche diese Experimente liefern, sind dabei allerdings Mittelwerte über die Eigenschaften vieler Tunnelsysteme in den untersuchten Systemen. Erst Silke Brouër konnte 1999 bei ihren Untersuchungen des elektronischen Transports in mesoskopischen Bismut Drähten erstmals den Einfluss einzelner inkohärenter Tunnelsysteme, den sogenannten Fluktuatoren, über deren Wechselwirkung mit den Leitungselektronen beobachten.

Inspiriert von den Arbeiten mit supraleitenden Qubits in der Arbeitsgruppe von Professor Alexey Ustinov, entstanden die ersten Ideen für eine Kooperation. Während die Qubit Forschung die Tunnelsysteme in der ungeordneten Oxid-Barriere der Josephson-Kontakte als Ursache für Dekohärenz ausgemacht hat und diese möglichst eliminieren möchte, erschien uns, aufgrund der resonanten Kopplung einzelner Tunnelsysteme an die Qubits, die Möglichkeit gegeben, Qubits als Instrument für die Untersuchung dieser Tunnelsysteme in Abhängigkeit mechanischer Deformation zu verwenden. Nach intensiver Vorbereitung konnte das gemeinsame Projekt im Oktober 2010 unter Beteiligung von Georg Weiß, Alexey Ustinov, Jürgen Lisenfeld, Grigorij Grabovskij und mir schließlich starten. Bereits im Dezember 2010 konnten erste Daten gewonnen werden und im Februar 2011 war klar, dass es sich tatsächlich um neue, einzigartige Daten einzelner kohärenter atomarer Tunnelsysteme handelt. An der Publikation der Ergebnisse wird gearbeitet.

Außerdem laufen bereits die Vorbereitungen für Experimente zur direkten Manipulation einzelner kohärenter atomarer Tunnelsysteme mittels resonanter Anregung durch Ultraschall. Den Aufbau der ZnO-Sputter-Anlage, die zur Herstellung der Schallwandler im GHz-Bereich erforderlich ist, wurde von mir bereits vor diesem Projekt abgeschlossen. Aktuell arbeitet Saskia Meißner an der Optimierung der ZnO-Schichten und der Vorbereitung des benötigten Messaufbaus. Weitere Details werden im Ausblick im Anschluss an die Arbeit festgehalten.

In den folgenden Kapiteln wird auf die Grundlagen der Qubits (Kap.2) eingegangen. Nach allgemeinen Überlegungen wird der Josephson-Kontakt diskutiert, der das zentrale Element von Phasen-Qubits darstellt. Die Signatur der Kopplung zwischen Qubits und Zwei-Zustands-Systemen wird anhand vorhandener Daten aufgezeigt. Ausgangspunkt für diese Arbeit ist unsere Überzeugung, dass die Natur dieser parasitären Zwei-Zustands-Systeme durch kohärente atomare Tunnelsysteme in der ungeordneten Oxid-Barriere der Josephson-Kontakte realisiert ist. Im Anschluss wird auf die Grundlagen dieser Tunnelsysteme (Kap.3) und deren Beschreibung im Tunnelmodell eingegangen. Basierend darauf werden die Wechselwirkungen mit akustischen und elektrischen Feldern betrachtet. Nach der Beschreibung der bei den Experimente dieser Arbeit verwendeten Techniken (Kap.4) folgt die Diskussion der Ergebnisse (Kap.5). Abschließend werden die Ergebnisse kurz zusammengefasst und ein Ausblick über die Möglichkeiten zur Weiterführung des Projektes (Kap.6) gegeben.

2 Qubits

Qubits, Kurzform für Quantenbits, sind Gegenstand aktueller Forschung. Man erhofft sich damit in Zukunft Quantencomputer bauen zu können. Algorithmen auf Basis von Quantencomputern wären in der Lage, bestimmte Probleme erheblich effizienter und somit in viel kürzerer Zeit zu berechnen. Obwohl derzeit die Realisierung eines Quantencomputers noch nicht in greifbarer Nähe scheint, wird die Quanteninformationsverarbeitung bereits intensiv studiert [21].

Ein klassisches Bit besitzt genau zwei Zustände, die mit 0 und 1 bezeichnet werden. Es kann zu jeder Zeit in genau einem von diesen sein. Im Gegensatz dazu basiert ein Qubit auf einem quantenmechanischem System, dessen Eigenzustände $|0\rangle$ und $|1\rangle$ in beliebiger Superposition $|Z\rangle = a|0\rangle + b|1\rangle$ vorliegen können. Die beiden komplexen Zahlen a und b geben dabei den Anteil und Phasenfaktor der beiden Eigenzustände im Überlagerungszustand $|Z\rangle$ an. Qubits sind also quantenmechanische Zwei-Zustands-Systeme. Üblicherweise steht $|0\rangle$ dabei für den Grundzustand und $|1\rangle$ für den ersten angeregten Zustand des zugrundeliegenden physikalischen Systems.

Damit ein quantenmechanisches System als Qubit benutzt werden kann, muss es isoliert sein, initialisiert und ausgelesen werden können, genügend lange seinen Zustand behalten und gezielt mit anderen Qubits zur Wechselwirkung gebracht werden können. Die genauen Kriterien, die ein Quantensystem für die Realisierung eines Quantencomputers erfüllen muss, wurden von DiVincenzo [19] formuliert.

Mit der Realisierung von Qubits in Form von mikrostrukturierten, supraleitenden Schaltungen, die auf dem Josephson-Effekt basieren und als makroskopische Quantensysteme agieren, erhofft man sich analog zur bisherigen Halbleitertechnik eine leichte Skalierbarkeit der einmal entwickelten Systeme. Die Phasen-Qubits besitzen eine Energieaufspaltung $E_{|0\rangle \rightarrow |1\rangle}$ von $\sim 10\,\mathrm{GHz}$ und was gemäß $h\nu = k_\mathrm{B}T$ einer thermischen Energie der Temperatur $T \sim 500\,\mathrm{mK}$ entspricht. Neben der Tatsache, dass die Phasen-Qubits erst bei Temperaturen unter $100\,\mathrm{mK}$ betrieben werden können, ist die kurze Kohärenzzeit von 10 bis 100 ns eine der größten Herausforderungen [32].

Im Folgenden werden die Grundlagen zum Verständnis der in dieser Arbeit verwendeten Phasen-Qubits zusammengefasst. Die Darstellung orientiert sich an den Arbeiten von Grigorij Grabovskij [34, Kap.2] und Jürgen Lisenfeld [30, Kap.2+3].

2.1 Der Josephson-Kontakt

Unter einem Josephson-Kontakt versteht man zwei schwach gekoppelte supraleitende Bereiche. Er ist nach Josephson benannt, der 1962 [2] die ersten theoretischen Betrachtungen über die auftretenden physikalischen Effekte erarbeitete.

Die schwache Kopplung der supraleitenden Bereiche kann auf verschiedene Arten erreicht werden. Bereits eine geometrische Verjüngung des Supraleiters mit reduziertem kritischen Strom ist ausreichend. In der Regel werden Josephson-Kontakte aber dadurch hergestellt, dass zwischen zwei Supraleitern eine normalleitende oder, wie in unserem Fall, eine isolierende Barriere eingebracht wird. Man spricht dann von sogenannten SIS-Kontakten (Supraleiter-Isolator-Supraleiter Kontakte).

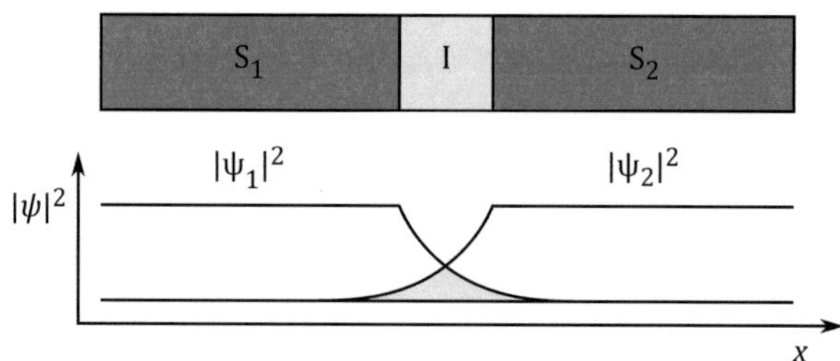

Abbildung 2.1: SIS-Kontakt schematisch, darunter der Verlauf des Ordnungsparameters der beiden Supraleiter S_1 und S_2 im supraleitenden Zustand.

Nach der Ginzburg-Landau Theorie von 1950 [1] kann der Zustand eines Supraleiters durch die makroskopische Wellenfunktion Ψ in der Form

$$\Psi = \Psi_0(\vec{x}, t)e^{i\varphi(\vec{x},t)} \tag{2.1}$$

beschrieben werden, wobei Ψ auf die Dichte der Cooper Paare n_s normiert ist.

$$\left|\Psi_0(\vec{x}, t)\right|^2 = n_s \tag{2.2}$$

Der Verlauf der supraleitenden Wellenfunktionen bei einem SIS-Kontakt ist in Abbildung 2.1 veranschaulicht. Der Überlapp der Wellenfunktionen ist dabei für das Auftreten des Josephson-Effekts verantwortlich.

2.1.1 Die Josephson-Gleichungen

Wie Josephson 1965 [3] gezeigt hat, gilt für den Strom I_J durch einen solchen Kontakt:

$$I_J = I_{J_c} \sin \delta \tag{2.3}$$

Dieser Zusammenhang wird auch erste Josephson-Gleichung genannt. I_{J_c} steht dabei für den kritischen Strom, also den maximalen Josephson-Gleichstrom I_J, den der Kontakt verlustfrei führen kann. Dieser ist im Wesentlichen von der Geometrie des Kontaktes, den Eigenschaften der als Supraleiter verwendeten Materialien und der Dicke der Barriere abhängig. δ bezeichnet die Phasendifferenz der Wellenfunktionen Ψ_1 und Ψ_2 der beiden supraleitenden Bereiche.

$$\delta = \varphi_2 - \varphi_1 \tag{2.4}$$

Im Fall $I_J < I_{J_c}$ fließt lediglich der verlustfreie Josephson-Gleichstrom und es gilt $U_J = 0$ und die Phasendifferenz δ liegt zwischen 0 und $\pi/2$.

Überschreitet I_J den kritischen Strom I_{J_c}, dann kommt es zu einem Spannungsabfall U_J über dem Kontakt. Der Gleichstromanteil wird nun verlustbehaftet getragen und das dynamische Verhalten des Kontaktes folgt der zweiten Josephson-Gleichung.

$$\dot{\delta} = \frac{2e}{\hbar} U_J = \frac{2\pi}{\Phi_0} U_J \approx 2\pi \cdot 483.6 \, \frac{\text{MHz}}{\mu\text{V}} U_J \tag{2.5}$$

e steht hier für die Elementarladung und $\Phi_0 = h/2e$ für das magnetische Flussquant. Die Konsequenz der nun über den Kontakt abfallenden Gleichspannung U_J ist nach Gleichung 2.3 ein Josephson-Wechselstrom $\dot{I}_J$ mit der charakteristischen Frequenz von 483.6 MHz/μV.

Für die weitere Betrachtung des dynamischen Verhaltens ist es von Vorteil das Josephson-Element, beschrieben durch die Gleichungen 2.3 und 2.5, als nichtlineare Induktivität L_J aufzufassen. Diese wird in der Form

$$L_J := \frac{U_J}{\dot{i}_J} = \frac{\Phi_0}{2\pi I_{J_c}} \frac{1}{\cos \delta} \tag{2.6}$$

definiert. Damit kann der reale Josephson-Kontakt im einfachsten Fall als Parallelschwingkreis aufgefasst werden.

2.1.2 Das RCSJ-Modell

Der Reale Josephson-Kontakt wird als Parallelschaltung eines Widerstandes R, einer Kapazität C und dem Josephson-Element L_J beschrieben. Das Modell geht auf Stewart [5] und McCumber [4] zurück und ist für Kontakte kleiner Abmessung gültig, bei der eine räumliche Variation der Josephson-Phasendifferenz δ innerhalb des Kontaktes vernachlässigt werden kann. Diese charakteristische Abmessung

$$\lambda_J = \sqrt{\frac{\Phi_0}{2\pi j_{J_c}(2\lambda_L + d)}} \tag{2.7}$$

mit der kritischen Stromdichte j_{J_c} des Josephson-Elements, der London Eindringtiefe λ_L und der Dicke der Barriere d wurde von Weihnacht [6] abgeschätzt. In Abbildung 2.2 ist das Ersatzschaltbild zu sehen.

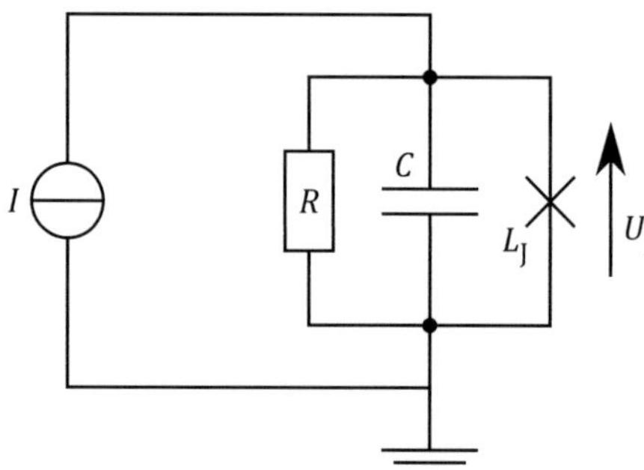

Abbildung 2.2: Ersatzschaltbild des Josephson-Kontaktes nach dem RCSJ-Modell.

Die Kapazität $C = C_J + C_S$ setzt sich aus der geometrischen Kapazität C_J des strukturierten Kontaktes und einer zusätzlichen externen Kapazität C_S zusammen, mit welcher die charakteristische Frequenz eingestellt werden kann. Der Widerstand R trägt den Gleichstromanteil im dynamischen Fall, damit gilt:

$$U_J = RI_J \quad \text{für} \quad I_J > I_{J_c} \tag{2.8}$$

Wendet man die Kirchhoffschen Regeln auf die Ersatzschaltung an, so erhält man:

$$I = I_R + I_C + I_J \tag{2.9a}$$

$$0 = \frac{U_J}{R} + C\dot{U_J} + I_{J_c}\sin\delta - I \tag{2.9b}$$

$$0 = \frac{C\Phi_0}{2\pi}\ddot{\delta} + \frac{\Phi_0}{2\pi R}\dot{\delta} + I_{J_c}\sin\delta - I \tag{2.9c}$$

Vergleicht man dies mit der klassischen Bewegungsgleichung

$$0 = m\ddot{x} + D\dot{x} + \frac{\partial V}{\partial x} \tag{2.10}$$

so stellt man fest, dass der Josephson-Kontakt als virtuelles Teilchen der Masse m mit Freiheitsgrad δ beschrieben werden kann, das sich im Josephson-Potential V_J bewegt. Hierbei gelten folgende Zusammenhänge:

$$m = C\left(\frac{\Phi_0}{2\pi}\right)^2 \tag{2.11a}$$

$$D = \frac{m}{RC} \tag{2.11b}$$

$$V_J = -E_J\left(\gamma\delta + \cos\delta\right) \tag{2.11c}$$

$$\text{mit} \quad E_J = \frac{I_{J_c}\Phi_0}{2\pi} \quad \text{und} \quad \gamma = \frac{I_J}{I_{J_c}} \tag{2.11d}$$

Im statischen Fall $\gamma < 1$ oszilliert das virtuelle Teilchen der Masse m dabei mit der Frequenz

$$\omega_q = \sqrt{\frac{1}{m}\frac{\mathrm{d}^2 V_J}{\mathrm{d}\delta^2}} = \omega_p\sqrt{\cos\delta} \quad \text{mit} \quad \omega_p = \sqrt{\frac{2\pi I_{J_c}}{\Phi_0 C}} \tag{2.12}$$

welche sich auch in Abhängigkeit des normierten Stromes γ schreiben lässt.

$$\omega_q = \omega_p \sqrt[4]{1 - \gamma^2} \tag{2.13}$$

Als Bezeichnung wurde entgegen der Konvention ω_q gewählt, da dies später näherungsweise die Eigenfrequenz des Phasen-Qubits darstellt.

In Abbildung 2.3 ist das daraus abgeleitete, und der Form halber auch als „Waschbrett Potential" bekannte Josephson-Potential für verschiedene Werte des normierten Stromes γ veranschaulicht.

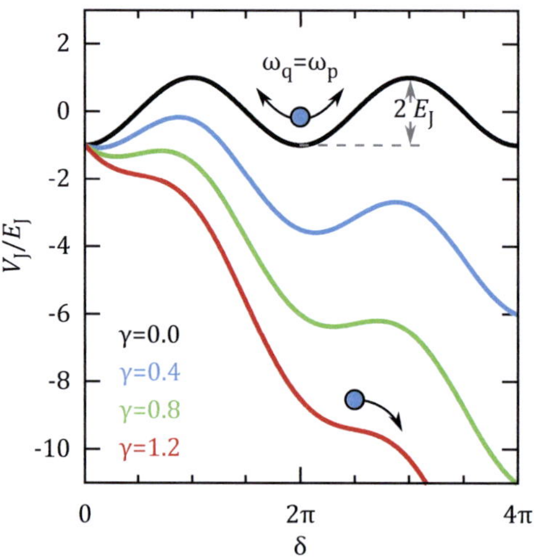

Abbildung 2.3: Josephson-Potential des virtuellen Teilchens der Masse m mit Freiheitsgrad δ.

Mit der zuvor eingeführten nichtlinearen Induktivität L_J ist diese Definition von ω_q ebenfalls konsistent mit der Definition der Resonanzfrequenz des Parallelschwingkreises:

$$\omega_q = \frac{1}{\sqrt{L_J C}} \tag{2.14}$$

Für die Höhe der Barriere der metastabilen Zustände im Fall $\gamma > 0$ gilt nach [30]:

$$V_0 = 2E_J \left(\sqrt{1 - \gamma^2} - \gamma \arccos \gamma \right) \tag{2.15a}$$

$$V_0 \approx 2E_J \frac{2}{3}\sqrt{2}(1 - \gamma)^{3/2} \qquad \text{für} \qquad \gamma \to 1 \tag{2.15b}$$

An dieser Stelle sei noch angemerkt, dass die nichtlineare Induktivität des Josephson-Elements der Anschaulichkeit halber definiert wurde. Sie hat nichts mit einer klassischen Induktivität und damit auch nichts mit magnetisch gespeicherter Feldenergie zu tun. Eine Erklärung ist eher über die sogenannte kinetische Induktivität von Supraleitern bei hohen Frequenzen möglich [35].

2.2 Phasen-Qubit

Der im vorherigen Abschnitt ausführlich diskutierte Josephson-Kontakt ist bei geeigneter Wahl eines Gleichstrom-Bias $\gamma \lesssim 1$ bereits ein Phasen-Qubit [22]. Ausgehend vom semiklassischen Bild des virtuellen Teilchens als anharmonischer Oszillator bleiben beim Übergang zur quantenmechanischen Beschreibung, wie in Abbildung 2.4 gezeigt, lediglich ein paar wenige Eigenzustände übrig, die aufgrund der Anharmonizität des Potentials geringfügig unterschiedliche Energieabstände besitzen. Der Energienullpunkt wird üblicherweise so gewählt, dass $E_0 = 0$ und $E_1 = \hbar\omega_\mathrm{q}$ gilt.

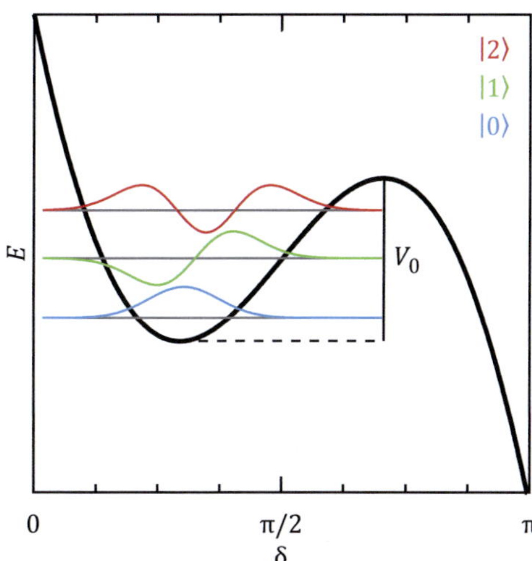

Abbildung 2.4: Potential des virtuellen Teilchens der Masse m mit Freiheitsgrad δ beim Betrieb als Phasen-Qubit.

Somit können die Zustände $|0\rangle$ und $|1\rangle$ als Qubit-Zustände verwendet werden. Der Übergang zwischen den Zuständen kann durch eine auf den Gleichstrom modulierte Mikrowelle f_μ im GHz Bereich induziert werden, da der Energieabstand $\Delta E = E_1 - E_0 = \hbar\omega_q = \hbar\omega_\mu$ in diesem Bereich liegt. Das Auslesen eines solchen Phasen-Qubits erfolgt durch einen kurzen Strompuls, der das Potential etwas weiter kippt und somit die Höhe der Barriere V_0 senkt. Damit hat das virtuelle Teilchen, sofern es im angeregten Zustand $|1\rangle$ ist, eine erhöhte Wahrscheinlichkeit, durch die Barriere zu tunneln, wodurch der Josephson-Kontakt in den Spannungszustand $U_J \neq 0$ kippt, was dann gemessen wird. Um der quantenmechanischen Natur des Zustandes $|Z\rangle$ Rechnung zu tragen, ist es erforderlich die Messung wiederholt durchzuführen um eine ausreichende Statistik zu erhalten. Dadurch ist es dann auch möglich mit einer verbleibenden Unsicherheit von typischerweise $\lesssim 10\%$, zwischen den reinen Zuständen $|0\rangle$ und $|1\rangle$ zu unterscheiden, obwohl der Zustand $|0\rangle$ ebenfalls eine endliche Tunnelwahrscheinlichkeit besitzt beziehungsweise der Zustand $|1\rangle$ mit einer gewissen Wahrscheinlichkeit auch als Zustand $|0\rangle$ gemessen wird.

Das Phasen-Qubit ist in diesem Fall direkt galvanisch an die externe Messelektronik gekoppelt, wodurch die Kohärenzzeit beeinträchtigt wird. Aus diesem Grund verwendet man den Josephson-Kontakt eingebettet in eine supraleitende Schleife. Diese Anordnung ist auch als rf-SQUID bekannt [24] und wird im nächsten Abschnitt weiter erläutert. Das Phasen-Qubit wird in diesem Fall von der externen Messelektronik galvanisch isoliert, was sich in längerer Kohärenzzeit niederschlägt [32].

2.2.1 Das rf-SQUID

Zusätzlich zur nichtlinearen Induktivität des Josephson-Elements liegt nun auch die geometrische Induktivität L der supraleitenden Schleife vor. Abbildung 2.5 zeigt das Ersatzschaltbild des rf-SQUID im RCSJ-Modell.

Aufgrund der geschlossenen supraleitenden Schleife muss jetzt auch die Quantisierung des magnetischen Flusses berücksichtigt werden. Es resultiert die Phasenbeziehung

$$\delta = -2\pi \frac{\phi_q}{\Phi_0} \tag{2.16}$$

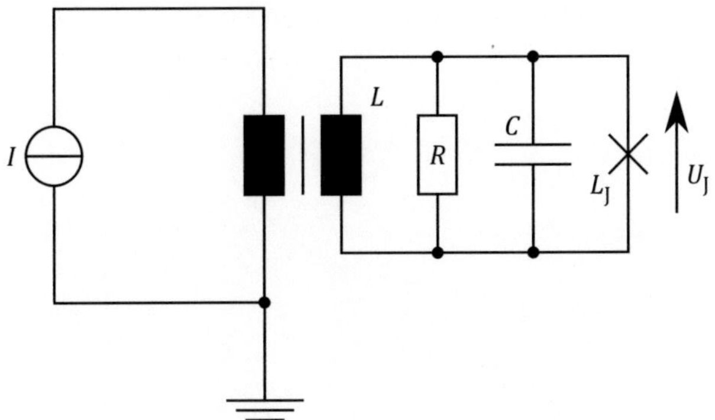

Abbildung 2.5: Ersatzschaltbild rf-SQUID im RCSJ-Modell.

wobei ϕ_q den gesamten magnetischen Fluss bezeichnet, der die supraleitende Schleife durchdringt.

Über die induktive Kopplung kann nun von außen ein magnetisches Fluss-Bias ϕ angelegt werden. Das Fluss-Bias ϕ ändert dabei sowohl den Strom I_q als auch den magnetischen Fluss ϕ_q der supraleitenden Schleife gemäß der Beziehung:

$$\phi_q = \phi + LI_q \tag{2.17a}$$

$$\phi_q = \phi - LI_{J_c} \sin\left(2\pi\frac{\phi_q}{\Phi_0}\right) \tag{2.17b}$$

$$\phi_q = \phi - \frac{\Phi_0}{2\pi}\beta_L \sin\left(2\pi\frac{\phi_q}{\Phi_0}\right) \tag{2.17c}$$

Im letzten Schritt wird der Parameter β_L eingeführt. Dieser ist definiert

$$\beta_L = \frac{2\pi I_{J_c} L}{\Phi_0} = \frac{L}{L_{J_0}} \qquad \text{mit} \qquad L_{J_0} = \frac{\Phi_0}{2\pi I_{J_c}} \tag{2.18}$$

als Verhältnis der geometrischen Induktivität L zur nichtlinearen Induktivität L_{J_0} des Josephson-Elements.

In Abbildung 2.6 ist der Zusammenhang zwischen dem Fluss-Bias ϕ und dem Fluss ϕ_q der supraleitenden Schleife gezeigt. Man erkennt deutlich, wie es zur Hysterese des rf-SQUIDs kommt.

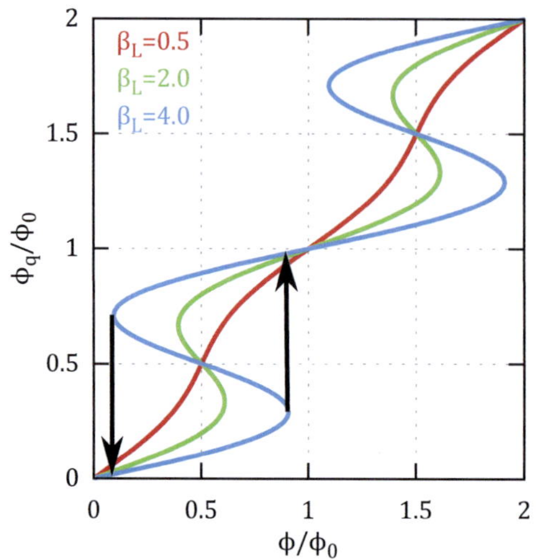

Abbildung 2.6: Flussrelation des rf-SQUIDs.

Berücksichtigt man die Energie des durch den Strom I_q in der supraleitenden Schleife erzeugten magnetischen Feldes, so ergibt sich im Bild des virtuellen Teilchens das neue effektive Potential

$$V_J = E_J \left(1 - \cos \delta + \frac{(\delta - 2\pi\phi/\Phi_0)^2}{2\beta_L} \right) \tag{2.19}$$

welches in Abbildung 2.7 für verschiedene Werte von β_L veranschaulicht ist.

Um das rf-SQUID als Phasen-Qubit verwenden zu können, ist es erforderlich, dass bei $\phi = 0$ nur ein und sonst gerade zwei Minima im Potential vorhanden sind. Daraus ergibt sich der Bereich von $1 < \beta_L < 4.6$. Was zuvor der Bias Strom I war, ist nun der externe magnetische Fluss ϕ. Das Potential bei Verwendung als Phasen-Qubit ist in Abbildung 2.8 veranschaulicht.

Die Zustände $|L\rangle$ und $|R\rangle$ sind durch die Richtung des Gleichstroms im supraleitenden Ring des rf-SQUIDs festgelegt. Sie unterscheiden sich dadurch, dass im Zustand $|R\rangle$ genau ein Flussquant mehr in den Ring eingedrungen ist. Der Übergang zwischen den Zuständen ist aus der Hysterese des rf-SQUIDs ersichtlich (siehe Abbildung 2.6). Dadurch ist es möglich, das rf-Phasen-Qubit mittels eines DC-SQUIDs auszulesen, der die Flussänderung zwischen den Zuständen $|L\rangle$ und $|R\rangle$ detektiert. Es ist also nicht mehr

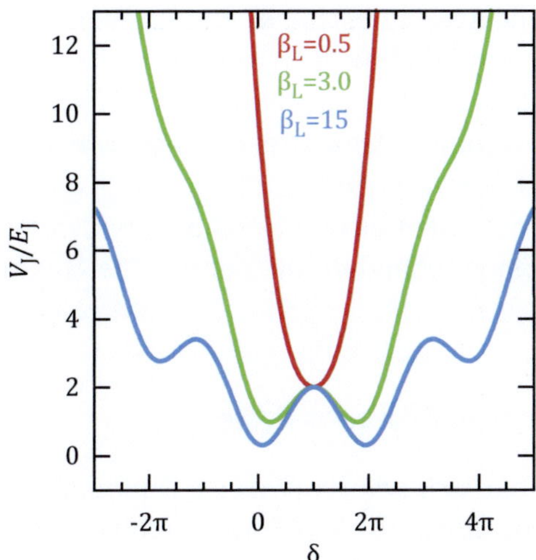

Abbildung 2.7: Phasenrelation der rf-Phasen-Qubits für $\phi = \Phi_0/2$.

nötig das Qubit während des Auslesens in den verlustbehafteten Zustand zu treiben. Damit kann die Messzeit erheblich verkürzt werden, da beim Initialisieren nicht mehr so lange gewartet werden muss bis das Qubit in seinen Grundzustand zurückkehrt.

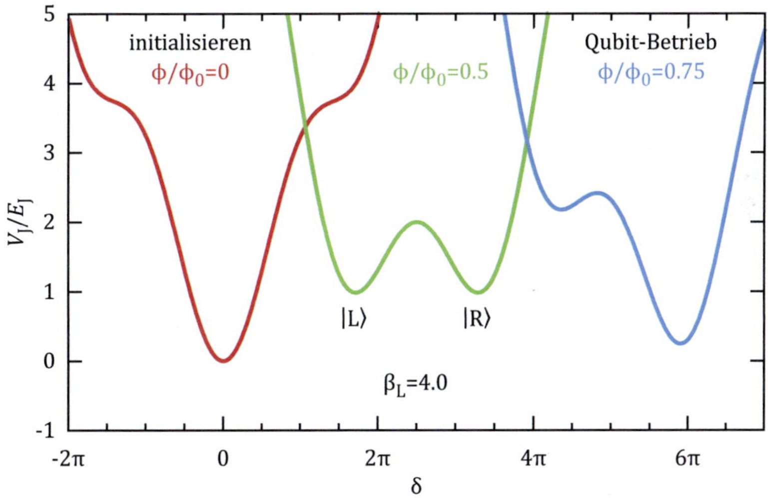

Abbildung 2.8: Potential des rf-SQUID im Einsatz als Phasen-Qubit.

Trotz dieser Entwicklungen verbleibt das Problem, dass der Mechanismus der zu Dekohärenz führt nicht bekannt ist. Wie Simmonds 2004 [25] festgestellt hat, koppelt das Phasen-Qubit an parasitäre Resonatoren in der Oxid-Barriere der Josephson-Kontakte. Die Signatur, analog zu Abbildung 2.9, deutet dabei auf Zwei-Zustands-Systeme. Aufgrund der ungeordneten Natur der Oxid-Barriere liegt es nahe anzunehmen, dass es sich dabei um die selben Tunnelsysteme handelt, die bereits aus Messungen an Gläsern bekannt sind.

2.2.2 Signatur von Zwei-Zustands-Systemen

Grigorij Grabovskij hat sich während seiner Diplomarbeit [34] eingehend mit der Kopplung der Zustände des Phasen-Qubits an parasitäre Zwei-Zustands-Systeme beschäftigt. Er hat gezeigt, dass einzelne Zwei-Zustands-Systeme gezielt, durch Variation des Fluss-Bias und der damit verbundenen Verschiebung der Resonanzfrequenz des Phasen-Qubits, in Wechselwirkung mit dem Phasen-Qubit gebracht werden können und damit interessante Experimente möglich sind. Da die Kohärenzzeit dieser Zwei-Zustands-Systeme manchmal länger ist, als die des Phasen-Qubits selbst, wurde in diesen ein Kandidat für einen Quantenspeicher gefunden. In Abbildung 2.9 ist die gemessene Resonanzfrequenz des Phasen-Qubits im Vergleich zu simulierten Daten gezeigt.

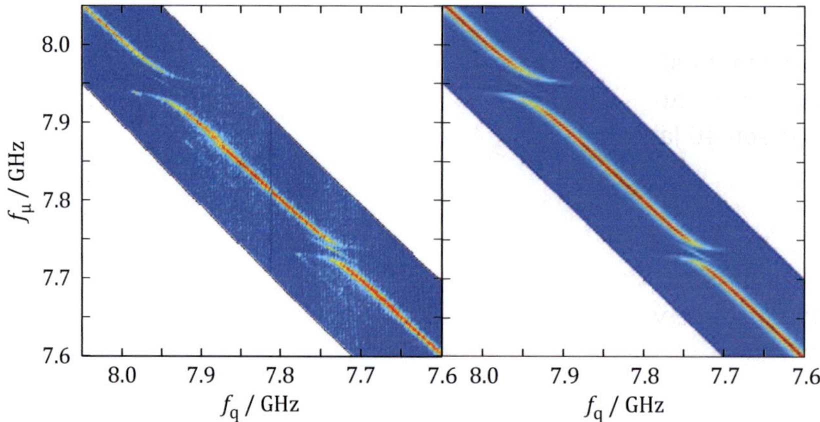

Abbildung 2.9: Signatur der Tunnelsysteme: Messung (links) und Simulation (rechts) der Resonanz des Phasen-Qubits welches an zwei Tunnelsysteme koppelt [34].

Der Farbcode entspricht der Wahrscheinlichkeit, dass sich das Qubit beim Auslesen im $|R\rangle$-Zustand befindet. Mit der verbleibenden Unsicherheit von $\lesssim 10\%$ entspricht dies auch der Wahrscheinlichkeit, dass das Qubit beim Auslesen im $|1\rangle$-Zustand war. Aufgetragen wird dabei die Frequenz f_μ der Mikrowelle, die zur Anregung des Qubits eingestrahlt wird, über der Variation des magnetischen Fluss-Bias ϕ. Durch Anpassung der Funktion

$$f_q = f_p \sqrt[4]{1 - \left(\frac{\phi - \Phi_0}{\phi_c}\right)^2} \qquad (2.20)$$

mit den Parametern f_p und ϕ_c kann das Fluss-Bias in die erwartete Resonanzfrequenz f_q des Phasen-Qubits umgerechnet und damit linearisiert werden. In Abbildung 2.9 sieht man sehr schön die Kopplung des Qubits an zwei Zwei-Zustands-Systeme. Die Aufspaltung der Qubit-Resonanz kann durch die Abstoßung der Energie-Niveaus des Qubits und der Zwei-Zustands-Systeme erklärt werden und ist als „avoided level crossing" bekannt.

Alternative Modelle, wie Andreev Fluktuatoren[27] und Kondo Fallen[29] zielen primär darauf ab zusätzliche Rauschquellen und damit die Begrenzung der Kohärenzzeit der Josephson Qubits zu erklären. Erst Erweiterungen dieser Modelle, wie die Annahme von gebundenen Andreev Zuständen[33], sind in der Lage, die in den Spektren beobachteten „avoided level crossing" zu erklären. Auch hier ist aber ein weiteres Quantensystem erforderlich, an das eine Kopplung über den kritischen Strom erfolgt. Bereits in dieser Arbeit wurde, wie wir es im weiteren auch tun, angenommen, dass die mikroskopische Natur dieser parasitären Zwei-Zustands-Systeme in Form von atomaren Tunnelsystemen gegeben ist, wie sie in Gläsern bereits seit 40 Jahren untersucht werden.

Die Tatsache, dass aufgrund ihrer resonanten Kopplung gezielt einzelne dieser atomaren Tunnelsysteme selektiert werden können, wird in dieser Arbeit zur Messung der Eigenschaften der Tunnelsysteme verwendet. Als Parameter wird dabei die mechanische Verzerrung ε der Umgebung der Tunnelsysteme verwendet, die sich nicht merklich auf das Phasen-Qubit auswirkt.

3 Tunnelsysteme

In der Festkörperphysik geht man üblicherweise davon aus, dass Atome in einer wohldefinierten Struktur kondensieren und damit regelmäßige Kristalle bilden. Viele Diskussionen der Eigenschaften von Festkörpern, wie Phononen oder die elektronische Bandstruktur, basieren darauf und sind genau genommen nur auf diese anwendbar.

Die Behandlung amorpher Festkörper, zu denen als bekannteste Vertreter die Gläser zählen, wird oft nur am Rande erwähnt, da deren Beschreibung erheblich komplexer ist. Man hat es hier mit einem hochgradig entarteten Grundzustand zu tun. Einen guten Einblick gibt das Lehrbuch zur Festkörperphysik von Hunklinger [31].

Gesteigertes Interesse auf diesem Gebiet wurde geweckt, als 1971 Zeller und Pohl [7] über Abweichungen in den Daten der spezifischen Wärme und der Wärmeleitfähigkeit von Gläsern gegenüber den entsprechenden kristallinen Materialien bei Temperaturen unterhalb $\sim 1\,\mathrm{K}$ berichteten. War man bisher davon ausgegangen, dass strukturelle Umlagerungen bei derart tiefen Temperaturen in einem Festkörper ausgeschlossen sind, so wurde nun basierend auf den unabhängigen Beschreibungen von 1972 durch Anderson, Halperin und Varma [8] sowie Phillips [10] genau diese Tatsache mit dem phänomenologischen Tunnelmodell beschrieben.

3.1 Amorphe Festkörper

Die unregelmäßige Struktur amorpher Festkörper lässt sich nicht so elegant wie in der Kristallphysik beschreiben. Der strukturelle Unterschied wird in Abbildung 3.1 am Beispiel von SiO_2 veranschaulicht. Das völlige Fehlen von Korngrenzen ist dabei für die optische Transparenz der meisten Gläser verantwortlich. Bei näherer Betrachtung wird außerdem klar, dass es bei realen Systemen keine vollständige Unordnung gibt. Da man es immer noch mit SiO-Bindungen zu tun hat, herrscht lokal immer noch Nahordnung vor. Lediglich die Fernordnung ist aufgrund minimaler Variation der Bindungswinkel bzw. statistischen Abweichungen der Atomabstände nicht mehr vorhanden.

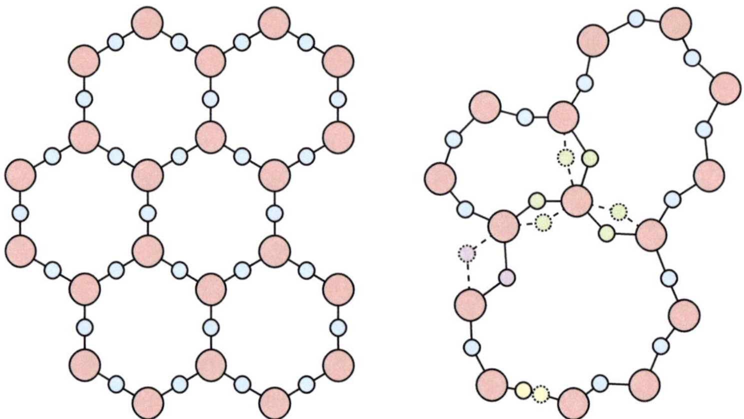

Abbildung 3.1: Vergleich kristallines (links) mit amorphem (rechts) SiO_2 in verein-fachter 2D-Projektion. Außerdem sind drei mögliche mikroskopische Realisierungen eines Tunnelsystems skizziert. (Darstellung nach Hunklinger [20, Fig.9.33])

In Abbildung 3.1 sind außerdem mögliche mikroskopische Kandidaten für die Tunnelsysteme angedeutet. Man nimmt an, dass die unterschied-lichen Gleichgewichtslagen der einzelnen Atome oder auch Atomgruppen dabei nur durch Tunnelprozesse zugänglich sind. Das Tunnelmodell selbst lässt diese mikroskopischen Bezüge jedoch außen vor und geht von Zwei-Zustands-Systemen aus, die durch ein Teilchen der Masse m in einem Dop-pelmuldenpotential beschrieben werden können. Im Folgenden werden nun die Grundlagen des Tunnelmodells in Anlehnung an die Arbeiten von Silke Brouër [18] und Ralf Haueisen [23] wiedergegeben. Für eine ausführ-liche Beschreibung sei auf weitere Fachliteratur [15, 17] verwiesen.

3.2 Tunnelmodell

Im Tunnelmodell geht man davon aus, dass das Verhalten amorpher Festkörper bei Temperaturen unterhalb von ~1 K von niederenergetischen Zwei-Zustands-Anregungen im Bereich von ~0.1 meV bestimmt wird. Diese Anregungen werden als Aufenthaltsort des Teilchens der Masse m im Potential V_{TLS} aufgefasst. In Abbildung 3.2 ist das Potential mit der üblichen Nomenklatur im Kontext des Tunnelmodells gezeigt.

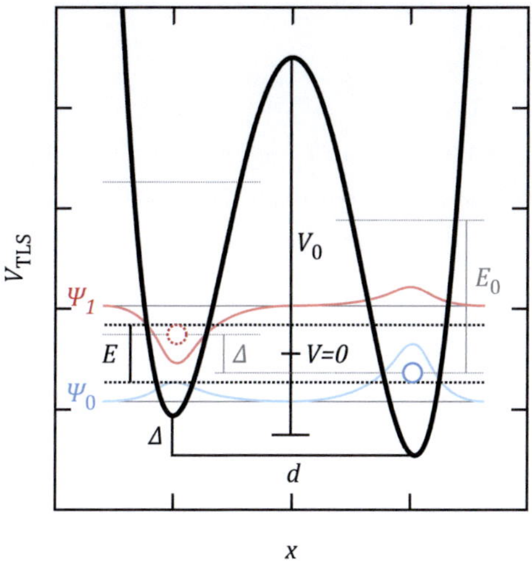

Abbildung 3.2: Potential des Teilchens der Masse m, das als Zwei-Zustands-System im Tunnelmodell fungiert. — Die lokalisierten Zustände (symbolisiert durch den blauen und roten Kreis), sind bei vernachlässigbarer Tunnelkopplung realisiert. Diese Art von Tunnelsystem ist auch als Fluktuator bekannt, der inkohärent mit verhältnismäßig langer Lebensdauer statistisch zwischen beiden lokalisierten Zuständen hin und her springt. Die Energiedifferenz ist dabei gerade durch die Asymmetrie-Energie des Potentials gegeben. • Koppeln die Zustände über den Tunnelprozess so mischen die Zustände und die lokalisierten Zustände sind keine Eigenzustände mehr. Statt dessen erhält man zwei neue Energie-Eigenzustände, deren Energiedifferenz nun zusätzlich zur Asymmetrie durch die Tunnelaufspaltung bestimmt wird. Diese neuen Zustände werden durch die delokalisierten Wellenfunktionen (blaue und rote Kurve) beschreiben. — Diese zweite Variante bildet Zwei-Zustands-Systeme, wie sie im Fokus dieser Arbeit liegen. Sie besitzen die charakteristische Energieaufspaltung $E = \sqrt{\Delta_0^2 + \Delta^2}$.

Es wird davon ausgegangen, dass die beiden Einzelmulden als harmonisches Potential betrachtet werden können. Damit erhält man die Zustände mit der Energiedifferenz E_0

$$E_0 = \hbar\omega_0 \tag{3.1}$$

des harmonischen Oszillators. Im symmetrischen Fall (Asymmetrie-Energie $\Delta = 0$) und ohne Kopplung wären diese Zustände energetisch entartet. Lässt man die Kopplung durch quantenmechanisches Tunneln zu, was als dominanter Prozess im relevanten Temperaturbereich gilt, so erfahren die Zustände die Tunnelaufspaltung Δ_0. Diese kann unter Verwendung der sogenannten WKB-Näherung[1] als

$$\Delta_0 = E_0 e^{-\lambda} \tag{3.2}$$

geschrieben werden. λ ist dabei der sogenannte Tunnelparameter. Er lässt sich durch charakteristische Parameter des Potentials ausdrücken womit man

$$\lambda = \sqrt{2mV_0}\frac{d}{\hbar} \tag{3.3}$$

erhält. Da keine mikroskopischen Details einfließen, handelt es sich hier im Wesentlichen um einen Modellparameter, wobei m der beim Tunnelprozess beteiligten Masse, V_0 der effektiven Höhe der Barriere und d dem Abstand der Mulden entspricht. Damit die Tunnelsysteme als Zwei-Zustands-Systeme aufgefasst werden können, muss außerdem $\Delta_0, \Delta, k_\mathrm{B}T \ll E_0 \ll V_0$ erfüllt sein.

Wählt man als Basis die Zustände $|\Psi_\mathrm{L}\rangle$ und $|\Psi_\mathrm{R}\rangle$, also die Unterscheidung ob das Teilchen in der linken oder rechten Mulde lokalisiert ist, so wird das isolierte Tunnelsystem durch den Hamilton-Operator

$$H = H_0 = \frac{1}{2}\begin{pmatrix} \Delta & -\Delta_0 \\ -\Delta_0 & -\Delta \end{pmatrix} \tag{3.4}$$

beschrieben. Δ steht für die sogenannte Asymmetrie-Energie, also die Energiedifferenz der Minima der beiden Mulden. Δ_0 beschreibt die Tunnelaufspaltung. Aufgrund dieser Kopplung sind $|\Psi_\mathrm{L}\rangle$ und $|\Psi_\mathrm{R}\rangle$ keine Energieeigenzustände mehr. In der Basis der neuen Energieeigenzustände $|\Psi_+\rangle$ und

---

[1]Semiklassische Näherung der Quantenmechanik, die nach Wentzel, Kramers und Brillouin benannt ist.

$|\Psi_-\rangle$ wird der Hamilton-Operator diagonal und lässt sich mit Wahl des Energienullpunktes zwischen $\pm E/2$ in der Form

$$H = H_0 = \frac{1}{2}\begin{pmatrix} E & 0 \\ 0 & -E \end{pmatrix} \tag{3.5}$$

schreiben. Die Energiedifferenz E zwischen den beiden Zuständen ist durch die Beziehung

$$E = \sqrt{\Delta_0^2 + \Delta^2} \tag{3.6}$$

festgelegt.

Zusätzlich zur Tatsache, dass im Tunnelmodell diese Zwei-Zustands-Systeme ohne Bezug auf deren mikroskopische Natur als gegeben angenommen werden, macht man im Tunnelmodell die weitere grundlegende Annahme, dass in einem amorphen Festkörper die Verteilung der Tunnelsysteme bezüglich des Tunnelparameters λ und der Asymmetrie-Energie Δ konstant ist. Diese Verteilung P lässt sich mathematisch in der Form

$$P(\Delta, \lambda)\mathrm{d}\Delta\mathrm{d}\lambda = P_0\mathrm{d}\Delta\mathrm{d}\lambda \tag{3.7}$$

darstellen. Für eine thermodynamische Abschätzung der spezifischen Wärme ist es sinnvoll diese Verteilung nach $P(E, x)$

$$P(E, x)\mathrm{d}E\mathrm{d}x = \frac{P_0}{x\sqrt{1 - x^2}}\mathrm{d}E\mathrm{d}x \tag{3.8}$$

umzuformen, wobei $x = \Delta_0/E$ substituiert wurde. In Abbildung 3.3 ist diese veranschaulicht.

Die Zustandsdichte $D(E)$ erhält man dann durch

$$D(E) = \int_{x_{\mathrm{min}}}^{1} P(E, x)\mathrm{d}x = P_0 \ln\left(\frac{2}{x_{\mathrm{min}}}\right) \tag{3.9}$$

wobei x_{min} eingeführt wurde, da die Divergenz von $P(E, x)$ bei $x = 0$ nicht integrierbar ist. Physikalisch bedeutet das, dass für $x_{\mathrm{min}} \to 0$ die Anzahl der Tunnelsysteme gegen unendlich geht. Ausgehend von der spezifischen Wärme eines Zwei-Zustands-Systems $C_V(E)$ [26, Kap.6]

$$C_V(E) = \frac{E^2}{k_{\mathrm{B}}T^2} \cosh^{-2}\left(\frac{E}{k_{\mathrm{B}}T}\right) \tag{3.10}$$

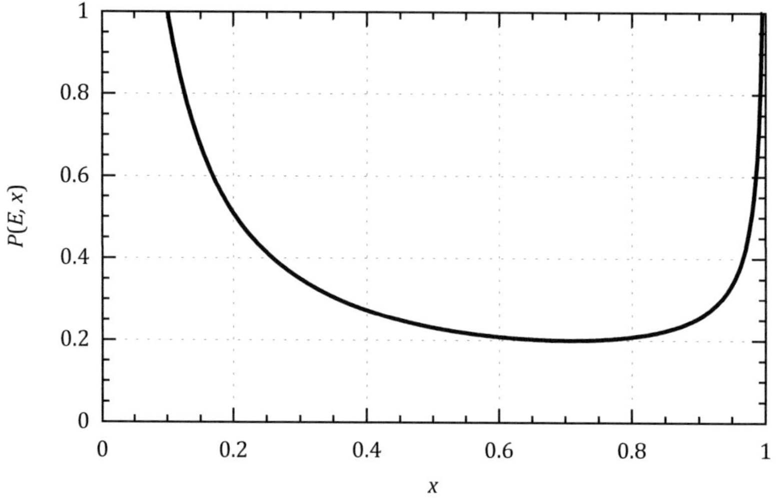

Abbildung 3.3: Verteilungsfunktion $P(E, x)$ für $E = \text{const.}$ mit $x = \Delta_0/E$.

erhält man durch Integration über E im einfachsten Fall mit der Näherung $D(E) \approx P_0^\star$ eine lineare Temperaturabhängigkeit der spezifischen Wärme $C_V(T)$

$$C_V(T) = \frac{\pi^2}{6} P_0^\star k_B^2 T \tag{3.11}$$

für einen amorphen Festkörper bei tiefen Temperaturen. Schon diese einfachste Abschätzung einer linearen Temperaturabhängigkeit ist in guter Übereinstimmung mit der von Zeller und Pohl [7] beobachteten $T^{1.2}$-Abhängigkeit.

Die Relaxationsrate τ^{-1}, die in Gleichung 3.23 im Zusammenhang mit der Diskussion der Kopplung der Tunnelsysteme an thermische Phononen angegeben ist, variiert in Abhängigkeit der Asymmetrie-Energie Δ. Diese Abhängigkeit kann hier wie folgt dargestellt werden:

$$\tau^{-1} = \tau_{\min}^{-1} \left(\frac{\Delta_0}{E} \right)^2 = \tau_{\min}^{-1} x^2 \tag{3.12}$$

Das bedeutet, dass die Integrationsgrenze $x_{\min}$ kleiner wird, wenn die Messzeit größer wird, da dann auch langsamere Tunnelsysteme zur Messung beitragen. Damit ist die spezifischen Wärme $C_V(T)$ in der Praxis auch von der Messzeit t abhängig. Im Grenzfall sehr langer Messzeiten $t \to \infty$ lässt sich die Temperaturabhängigkeit der spezifischen Wärme $C_V(T)$ [17, Gl.2.46] in der Form

$$C_V(T) = \frac{\pi^2}{6} P_0 \ln\left(\frac{2}{x_{\min}}\right) k_B^2 T \tag{3.13}$$

angeben. Bei fester Messzeit, nimmt mit steigender Temperatur der Beitrag der langsamen Tunnelsysteme zu, was den erhöhten Exponenten von $T^{1.2}$ erklärt.

Das phänomenologische Tunnelmodell wurde in einer Vielzahl von Experimenten bestätigt und erwies sich dabei als erstaunlich universell. Die Untersuchungen der spezifischen Wärme 1971 [7] und die gefundene logarithmische Abhängigkeit der Schallgeschwindigkeit 1974 [12] bestätigen die Existenz von niederenergetischen Anregungen mit konstanter Energieverteilung. Auch Messungen der Ultraschallabsorption von Hunklinger 1973 [11] bestätigen eine breite Energieverteilung mit nur wenigen zugänglichen Zuständen. Phononen-Echo-Experimente von Golding 1976 [13] bestätigten schließlich den Zwei-Zustands-Charakter der Tunnelsysteme.

Inzwischen geht man davon aus, dass die mikroskopische Vorstellung von der Tunnelbewegung eines Teilchens in einem Doppelmuldenpotential, zumindest in amorphen Festkörpern auch der tatsächlichen Situation entspricht. Dagegen ist die Situation für Tunnelsysteme in Kristallen aufgrund der dort vorherrschenden Symmetrie wohl komplizierter, obwohl auch dort die Näherung des Tunnelmodells in vielen Bereichen gute Vorhersagen macht.

3.3 Wechselwirkung

Ohne externe Felder kann die Wechselwirkung der Tunnelsysteme mit thermischen Phononen beobachtet werden. Diese Wechselwirkung erfolgt analog zur Wechselwirkung mit Ultraschall, der einem externen akustischen Feld entspricht, über die lokale, dynamische Verzerrung des Gitters in der Umgebung der Tunnelsysteme. Die Kopplung an thermische Phononen bewirkt, dass die Tunnelsysteme in das thermische Gleichgewicht relaxieren und somit bei der Wechselwirkung mit externen Feldern Relaxationsabsorption beobachtet wird. Außerdem kann bei der Kopplung an externe Felder Resonanzabsorption beobachtet werden.

3.3.1 Thermische Phononen

Die Kopplung kann durch einen weiteren Hamilton-Operator, welcher die Störung beschreibt, in der Basis $|\Psi_L\rangle$ und $|\Psi_R\rangle$ in der allgemeinen Form

$$H_1 = \frac{1}{2}\begin{pmatrix} \delta\Delta & \delta\Delta_0 \\ \delta\Delta_0 & -\delta\Delta \end{pmatrix} \tag{3.14}$$

ausgedrückt werden. Beim Übergang in die Basis der Energieeigenzustände $|\Psi_+\rangle$ und $|\Psi_-\rangle$ erhält man

$$H_1 = \frac{1}{2}\begin{pmatrix} D & 2M \\ 2M & -D \end{pmatrix}\varepsilon(t) \tag{3.15}$$

wobei der Tensor-Charakter der lokalen Verzerrung ε vernachlässigt wurde. Die Kopplungsparameter D und M sind in diesem Sinn gemittelte Größen der elastischen Quadrupolmomente der Tunnelsysteme bezüglich Größe und Orientierung zur lokalen Verzerrung ε.

Der Parameter D beschreibt die Energieverschiebung der zwei Zustände des Tunnelsystems zueinander. Er ist für das Auftreten der Relaxationsabsorption verantwortlich, die im nächsten Abschnitt diskutiert wird. Im Tunnelmodell wird er durch die Beziehung

$$D = \frac{\partial E}{\partial \varepsilon} = \frac{\Delta}{E}\frac{\partial \Delta}{\partial \varepsilon} + \frac{\Delta_0}{E}\frac{\partial \Delta_0}{\partial \varepsilon} \tag{3.16}$$

formal dargestellt.

Der Parameter M steht für die Kopplungsstärke des Tunnelsystems an die Phononen. Er ist für die Übergänge zwischen den Zuständen verantwortlich und ermöglicht die ebenfalls im nächsten Abschnitt besprochene Resonanzabsorption. Im Tunnelmodell ergibt sich der Ausdruck:

$$M = \frac{1}{2}\left(-\frac{\Delta_0}{E}\frac{\partial \Delta}{\partial \varepsilon} + \frac{\Delta}{E}\frac{\partial \Delta_0}{\partial \varepsilon}\right) \tag{3.17}$$

Bei der weiteren Betrachtung wird im Rahmen des Tunnelmodells der Beitrag von $\partial\Delta_0/\partial\varepsilon$ als vernachlässigbar angesehen. Dies führte zu kontroversen Diskussionen, da es unter anderem kristalline Systeme gibt, bei denen die Kopplung an Δ_0 überwiegt [14]. Allerdings ist für amorphe Systeme durchaus die Annahme gerechtfertigt [16, 15], dass die Kopplung an die

Asymmetrie-Energie Δ dominiert und somit der Beitrag der Kopplung über Δ_0 vernachlässigt werden kann. Betrachtet man, dass bei den untersuchten Tunnelsystemen gilt $V_0 \gg \Delta \gtrsim \Delta_0$, wobei Δ_0 sich aus V_0 ergibt, so kann man sich plausibel machen, dass eine Störung sich unmittelbar auf Δ und auch auf V_0 auswirkt. Schon die relative Änderung von V_0 ist im Vergleich zu der von Δ klein und wird beim Übergang von V_0 auf Δ_0 weiter unterdrückt. Auch die erfolgreiche Beschreibung der Daten verschiedener, unabhängiger Experimente [7, 11, 12, 13] kann als weitere Bestätigung dieser Annahme angesehen werden.

Damit erhält man für den Hamilton-Operator insgesamt den Ausdruck

$$H = H_0 + H_1 = \frac{1}{2}\begin{pmatrix} E & 0 \\ 0 & -E \end{pmatrix} + \frac{1}{2}\begin{pmatrix} D & 2M \\ 2M & -D \end{pmatrix}\varepsilon(t) \qquad (3.18)$$

mit den vereinfachten Beziehungen

$$D = 2\frac{\Delta}{E}\gamma \qquad (3.19a)$$

$$M = -\frac{\Delta_0}{E}\gamma \qquad (3.19b)$$

unter Einführung des sogenannten Deformationspotentials γ:

$$\gamma = \frac{1}{2}\frac{\partial \Delta}{\partial \varepsilon} \qquad (3.20)$$

In der Darstellung der ursprünglichen Basis $|\Psi_L\rangle$ und $|\Psi_R\rangle$ bedeutet dies für den Stör-Hamilton-Operator aus Gleichung 3.14:

$$\delta\Delta = 2\gamma\varepsilon \qquad \text{und} \qquad \delta\Delta_0 = 0 \qquad (3.21)$$

Diese Zusammenhänge gelten natürlich für die unterschiedlichen Phononenzweige. Jäckle hat dafür 1972 [9] das Übergangsmatrixelement

$$\langle 0; \vec{q}_j | H_1 | 1; \emptyset \rangle = \sqrt{\frac{q}{2\rho v_j}}\frac{\Delta_0}{E}\gamma_j \qquad (3.22)$$

abgeschätzt, wobei q der Betrag des Wellenvektors des erzeugten Phonons, v die Schallgeschwindigkeit und ρ die Dichte des amorphen Festkörpers ist.

Nach Fermis Goldener Regel lässt sich damit die Relaxationsrate τ^{-1} direkt berechnen. Diese ist hier aufgrund der Isotropie in vereinfachter Form wiedergegeben, wobei nur noch zwischen longitudinalen und transversalen Phononenzweigen unterschieden wird:

$$\tau^{-1} = \left(\frac{\gamma_l^2}{v_l^5} + \frac{2\gamma_t^2}{v_t^5} \right) \frac{\Delta_0^2}{E^2} \frac{E^3}{2\pi\rho\hbar^4} \coth\left(\frac{E}{2k_B T} \right) \tag{3.23}$$

Für die Diskussion in dieser Arbeit ist hier primär die Tatsache wichtig, dass die lokale Verzerrung ε des Gitters sich praktisch ausschließlich auf die Asymmetrie-Energie Δ auswirkt.

3.3.2 Externe akustische und elektrische Felder

Betrachtet man die Wechselwirkung der Tunnelsysteme mit externen Feldern, so gibt es im Wesentlichen zwei Beiträge: Die Resonanzabsorption und die Relaxationsabsorption. Da diese Effekte unabhängig von der Natur des externen Feldes auftreten, soll an dieser Stelle zunächst noch formal die Kopplung an elektrische Felder, hier mit $\vec{F}_E$ bezeichnet um eine Verwechslung mit der Energieaufspaltung E der Tunnelsysteme zu vermeiden, eingeführt werden. Die Kopplung an klassische elektrische Felder erfolgt nur, wenn das Tunnelsystem ein permanentes elektrisches Dipolmoment $\vec{p}_E$ besitzt.

Unter der Voraussetzung, dass die Tunnelsysteme aufgrund des externen elektrischen Feldes $\vec{F}_E$ ebenfalls nur ihre Asymmetrie-Energie Δ ändern, gilt auch hier in erster Näherung, dass sich das System durch den Hamilton-Operator

$$H = H_0 + H_1 = \frac{1}{2} \begin{pmatrix} E & 0 \\ 0 & -E \end{pmatrix} + \frac{1}{2} \begin{pmatrix} D & 2M \\ 2M & -D \end{pmatrix} \vec{F}_E(t) \tag{3.24}$$

beschreiben lässt.

Die Kopplungsparameter D und M sind auch im elektrischen Fall gemittelte Größen der elektrischen Dipolmomente der Tunnelsysteme bezüglich Betrag und Orientierung zum lokalen elektrischen Feld $\vec{F}_E$.

$$D = 2\frac{\Delta}{E}\vec{p}_E \tag{3.25a}$$

$$M = -\frac{\Delta_0}{E}\vec{p}_E \tag{3.25b}$$

$\vec{p}_\mathrm{E}$ steht für das permanente elektrische Dipolmoment des Tunnelsystems, welches die Kopplung an das externe elektrische Feld $\vec{F}_\mathrm{E}$ bestimmt. Die Tatsache, dass auch im elektrischen Fall nur die Asymmetrie-Energie Δ variiert, ist einfacher plausibel zu machen, als im akustischen Fall. Das externe elektrische Feld $\vec{F}_\mathrm{E}$ legt lediglich eine Vorzugsrichtung für das Dipolmoment $\vec{p}_\mathrm{E}$ des Tunnelsystems fest. Dies wirkt sich auf die Energie der beiden Zustände in den beiden Mulden aufgrund der unterschiedlichen Orientierung des Dipols $\vec{p}_\mathrm{E}$ aus und damit direkt auf die Asymmetrie-Energie Δ.

In der ursprünglichen Basis mit den Zuständen $|\Psi_\mathrm{L}\rangle$ und $|\Psi_\mathrm{R}\rangle$ bedeutet dies:

$$\delta\Delta = 2\vec{p}_\mathrm{E} \cdot \vec{F}_\mathrm{E} \qquad \text{und} \qquad \delta\Delta_0 = 0 \tag{3.26}$$

Die Kopplung über D führt dazu, dass die Energieaufspaltung E moduliert wird. Damit befindet sich das System nicht mehr im thermischen Gleichgewicht und es komm zur Relaxationsabsorption. Der Beitrag zur Suszeptibilität χ infolge der Relaxationsabsorption lässt sich analog zur Arbeit [23] als

$$\Re(\chi(\omega)) \sim \frac{1}{1 + (\omega\tau)^2} \tag{3.27a}$$

$$\Im(\chi(\omega)) \sim \frac{\omega\tau}{1 + (\omega\tau)^2} \tag{3.27b}$$

schreiben und ist in Abbildung 3.4 veranschaulicht.

Es sein an dieser Stelle noch angemerkt, dass die bisherigen Darstellungen sich auf Tunnelsysteme jeweils einer Energie beziehungsweise Relaxationsrate beziehen. Um die Eigenschaften amorpher Festkörper zu beschreiben, muss jeweils über die Zustandsdichte der Tunnelsysteme integriert werden.

Wird das externe Feld bei einer Frequenz getrieben, die der Energieaufspaltung E des Tunnelsystemes entspricht, so kommt es durch die Kopplung M zur resonanten Absorption. Der Beitrag der resonanten Absorption zur Suszeptibilität χ kann nach [23] als

$$\Re(\chi(\omega)) = \frac{Np^2}{\hbar\varepsilon_0}\left(\frac{\Delta_0}{E}\right)^2 \frac{\omega_0 - \omega}{(\omega_0 - \omega)^2 + \Gamma}\tanh\left(\frac{E}{2k_\mathrm{B}T}\right) \tag{3.28a}$$

$$\Im(\chi(\omega)) = \frac{Np^2}{\hbar\varepsilon_0}\left(\frac{\Delta_0}{E}\right)^2 \frac{\omega\Gamma}{(\omega_0 - \omega)^2 + \Gamma}\tanh\left(\frac{E}{2k_\mathrm{B}T}\right) \tag{3.28b}$$

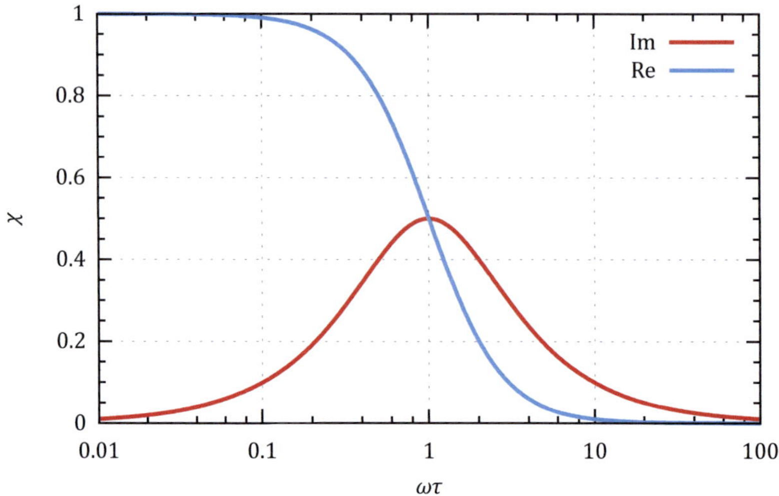

Abbildung 3.4: Normierte Frequenzabhängigkeit des relaxations Anteils der elektrischen Suszeptibilität χ.

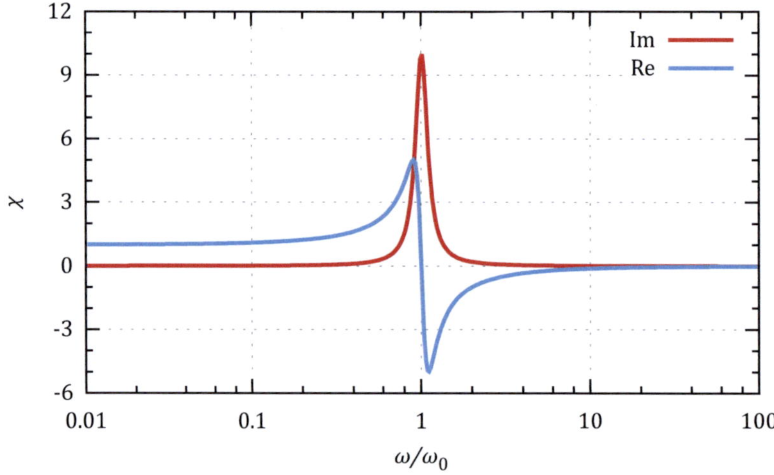

Abbildung 3.5: Normierte Frequenzabhängigkeit des resonanten Beitrags zur elektrischen Suszeptibilität χ.

berechnet werden. Γ ist eine Konstante, welche die Linienbreite der Resonanz bestimmt. Für $\Gamma = 0.1\omega_0$ sind die Funktionen in Abbildung 3.5 veranschaulicht.

Aufgrund der Tatsache, dass auch Tunnelsysteme mit potentiell sehr langer Lebensdauer auftreten, kann man sich überlegen, dass diese infolge der beschriebenen resonanten Kopplung auch direkt mittels Ultraschall angeregt werden können. Voraussetzung dafür ist allerdings, dass man Ultraschall im Bereich einiger GHz erzeugen, in den Trägerchip einkoppeln und gezielt zum Ort der Tunnelsysteme leiten kann. Auf diese Weise könnten mehrere Tunnelsysteme in einem Phasen-Qubit selbst als Qubits betrieben werden. Das Phasen-Qubit würde in diesem Fall als Schnittstelle zum Auslesen der Tunnelsystem-Qubits fungieren, da die Rückkopplung an das akustische Feld zu gering ist. Über den Stand der Vorbereitung dieser Experimente wird im Ausblick berichtet.

Entscheidend für die Diskussion in dieser Arbeit ist hier primär die resonante Kopplung zwischen den atomaren Tunnelsystemen und dem Phasen-Qubit, da so eine gezielte Untersuchung der Tunnelsysteme möglich wird. Für die Kopplung nehmen wir an, dass die relevanten atomaren Tunnelsysteme ein elektrisches Dipolmoment besitzen und somit direkt an die elektrischen Felder koppeln, die beim Übergang zwischen den Phaseneigenzuständen des Phasen-Qubits im Josephson-Kontakt vorherrschen.

4 Experimentelles

Ziel dieser Arbeit ist es, die Tunnelsysteme zu untersuchen, welche in der strukturell ungeordneten Oxid-Barriere der Josephson-Kontakte vermutet werden. Hierzu nutzt man deren resonante Kopplung an Phasen-Qubits aus. Als unabhängiger Parameter wird der Einfluss einer statischen mechanischen Verzerrung verwendet.

Hierzu soll zunächst auf einfache Art die Größenordnung der benötigen Deformation des Si-Chips abgeschätzt werden. Die Geometrie, die dieser Abschätzung zugrunde liegt, ist in Abbildung 4.1 skizziert.

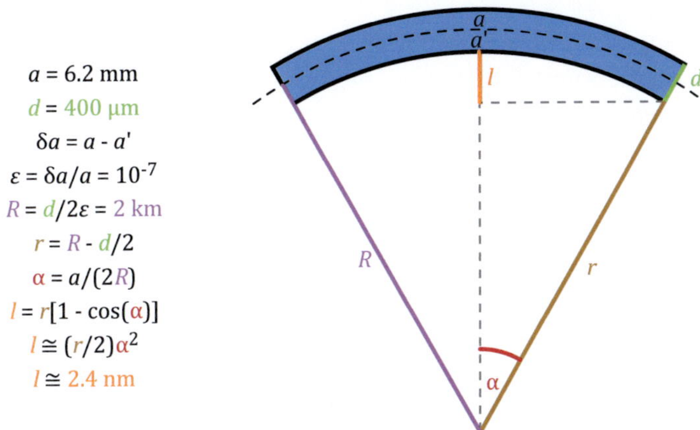

Abbildung 4.1: Darstellung der Zusammenhänge und der Geometrie für unsere einfache Abschätzung der Größenordnung der im Experiment benötigten Deformation.

Aus den Untersuchungen an Gläsern ist bekannt, dass sich das Deformationspotential γ im Bereich von 1 eV bewegt [15]. Um nun ein Tunnelsystem um 100 MHz zu verstimmen und somit eine signifikante[1] Verschiebung

---

[1]Der Wert konnte aus vorliegenden Spektren unseres Phasen-Qubits Anhand der Form der Resonanz abgeschätzt werden. Er ist primär durch die Energie-Relaxationszeit $T_1 \approx 13$ ns bestimmt, was einer Linienbreite der Resonanz von ≈ 77 MHz entspricht.

des „avoided level crossing" im Spektrum des Phasen-Qubits beobachten zu können, wird eine Verzerrung ε von ungefähr 10^{-7} benötigt. Geht man weiter davon aus, dass die Verzerrung durch eine gleichmäßige Krümmung des Si-Chips der Abmessung 6.2 mm $\times$ 6.2 mm $\times$ 400 µm erreicht wird, so ergibt sich ein Biegeradius von 2 km. Dies entspricht einem Hub der Mitte des Si-Chips gegenüber den Enden von etwa 2.4 nm. Um diese statische mechanische Verzerrung zu erreichen, wurde ein Probenhalter konstruiert, welcher im Folgenden vorgestellt wird.

Die Messungen an den Phasen-Qubits wurden zusammen mit Grigorij Grabovskij unter Anleitung von Jürgen Lisenfeld durchgeführt. Der verwendete Messaufbau, der Ablauf der Messung und verschiedene Varianten der Messung mit denen die Phasen-Qubits untersucht werden können, werden ebenfalls erläutert.

4.1 Design des Probenhalters

Die Messung der Phasen-Qubits ist äußerst empfindlich bezüglich ungewollter hochfrequenter elektromagnetischer Strahlung. Aus diesem Grund muss ein erheblicher Aufwand betrieben werden, das Experiment abzuschirmen und die Zuleitungen zu filtern. Aus diesem Grund wurde bei der Konzeption des Probenhalters Wert darauf gelegt, diesen am bestehenden Aufbau im Kryostaten[2] der Arbeitsgruppe von Professor Ustinov verwenden zu können.

Der Probenhalter sollte es ermöglichen, ähnlich wie in der Arbeit von Silke Brouër [18], die Substrate, in unserem Fall mit den Phasen-Qubits, kontrolliert verbiegen zu können. Ausgehend von den Informationen des Piezo-Tutoriums [40] entschied ich mich für den Piezo-Aktuator[3] P-882.11.

Die wichtigsten Eigenschaften im Überblick:

- geringe Abmessungen — 3 x 2 x 9 mm

- geringe Betriebsspannung — -30 bis 120 V

- großer Stellweg — 6.5 µm bei 100 V

- hohe Steifigkeit — 24 N/µm

---

[2]Mischungskryostat der Firma Oxford Instruments vom Typ Kelvinox MX

[3]PICMA® Multilayer Piezo Stack Actuator vom Typ P-882.11, Datenblatt [38].

Weitere Daten zur Piezo-Keramik findet man im Materialdatenblatt [39].

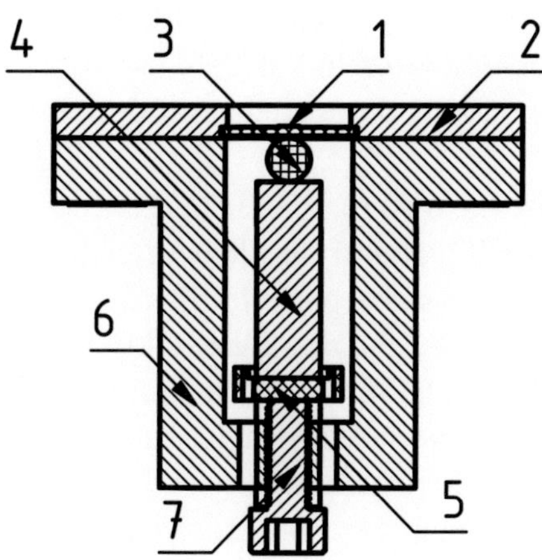

Abbildung 4.2: Der Si-Chip (1) mit den Phasen-Qubits liegt in einer schmalen Auflage einer gefrästen Trägerplatte (2). Der Si-Chip wird durch eine selbstklebende Kupferfolie fixiert, die auch als elektrische Abschirmung dient. Damit die Kraftübertragung senkrecht zur Oberfläche des Si-Chips erfolgt, wurde eine vergoldete Kugel (3) aus Zirkonia auf den Piezo-Aktuator (4) geklebt. Dieser wurde zur Zugentlastung der elektrischen Zuleitungen in ein Plättchen (5) eingeklebt, das über zwei Führungsbolzen mit dem Gehäuse (6) verbunden ist. Durch eine Schraube (7) mit metrischem Feingewinde kann der Aufbau so positioniert werden, dass die Kugel die Rückseite des Si-Chips gerade berührt. Die Teile (2), (5) und (6) sind aus Kupfer-Beryllium gefertigt. Die Führungsbolzen, (7) sowie die anderen verwendeten Schrauben bestehen aus nicht magnetischem Edelstahl. Nach der Montage wird der Si-Chip zwischen Trägerplatte und Gehäuse gehalten.

Die Abmessungen des Probenhalters waren durch das zur Verfügung stehende Probenvolumen im Kryostaten limitiert. Damit war auch der maximal mögliche Stellweg des Piezo-Aktuators begrenzt. Da der Piezo-Effekt bei tiefen Temperaturen stark abnimmt, musste eine Piezo-Keramik zum Einsatz kommen, die auch bei den Temperaturen um 30 mK noch ausreichend Stellweg bietet. Die neue Generation der Piezo-Keramik, die bei unserem Piezo-Aktuator verwendet wurde hat diese Eigenschaft. Die Integration wurde zusätzlich durch die geringe Betriebsspannung dieser Piezo-Keramik vereinfacht. Bei den zuvor üblichen Hochvolt-Ausführungen wäre der Einbau Polyamid isolierter Zuleitungen erforderlich gewesen, so konnten einfach von den vorhandenen Twisted-Pairs ein freies Paar verwendet werden.

Um beim Einbau des Si-Chips den Piezo-Aktuator positionieren zu können, wurde der Piezo-Aktuator in ein Gehäuse integriert. Der Aufbau ist in Abbildung 4.2 im Schnitt dargestellt und die einzelnen Komponenten erläutert.

Beim Einkleben des Piezo-Aktuators in das Plättchen, siehe Abbildung 4.2 (5), wurde bereits die weitgehend parallele Ausrichtung der Endflächen des Piezo-Aktuators zum Chip sichergestellt. Dies ist erforderlich, um das Auftreten von Scherkräften, welche den Piezo-Aktuator beschädigen können, zu vermeiden. Um einen definierten Druckpunkt auf dem Chip zu erzielen wurde zusätzlich eine vergoldete Kugel aus Zirkonia (Zirkoniumdioxid, ZrO_2) aufgeklebt und elektrisch kontaktiert. Damit ist es schließlich möglich die grobe Annäherung des Piezo-Aktuators an den Chip weitestgehend reproduzierbar durchzuführen. Die Annäherung ist abgeschlossen, wenn elektrischer Kontakt zwischen der vergoldeten Kugel und der Rückseite des mit Kupferfolie fixierten Chips hergestellt ist.

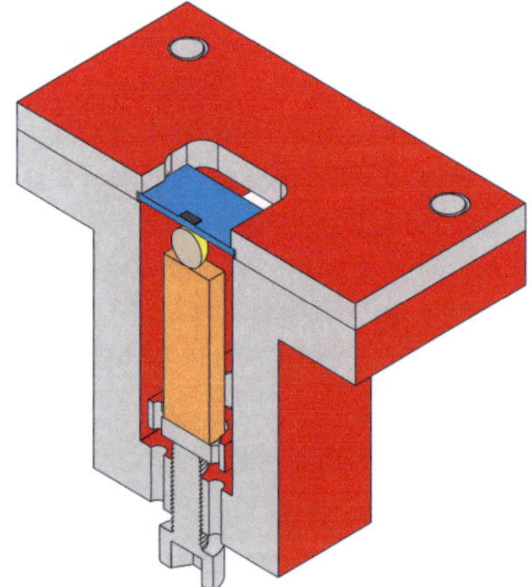

Abbildung 4.3: Detailansicht des Piezo-Biege-Mechanismus in Schnittdarstellung. Teile des Probenhalters aus Kupfer-Beryllium (rot), Schnittflächen (grau), Piezo-Aktuator (orange), vergoldete Kugel aus Zirkonia (gelb) und der Si-Chip mit den Phasen-Qubits (blau). Die Phasen-Qubits liegen in der Nähe der Mitte des Chips (dunkelgrau).

Außerdem stellt die Anordnung der vergoldeten Kugel gegenüber den Masseflächen (die Kupferfolie und alle anderen metallischen Flächen des Probenhalters) eine elektrische Kapazität dar. Durch Messung dieser Kapazität wurde es möglich, die Reduktion des Stellweges des Piezo-Aktuators bei 4.2 K gegenüber Raumtemperatur zu ermitteln. Dabei zeigte sich außerdem, dass der Piezo-Aktuator einen geringeren thermischen Ausdehnungskoeffizienten als Kupfer-Beryllium besitzt. Diese Tatsache führt zu einer mechanischen Vorspannung des Chips.

In Abbildung 4.3 ist der Probenhalter noch einmal dreidimensional skizziert. Durch die Darstellung im Schnitt und die farbliche Abgrenzung der einzelnen Komponenten können diese leicht identifiziert und mit dem realen Aufbau in Abbildung 4.4 verglichen werden.

Der getrennte Aufbau des Gehäuses von der Trägerplatte ermöglicht ein gutes Handling beim Einbau und Bonden des Si-Chips mit den Phasen-Qubits. Dieser wird zunächst in die Trägerplatte eingelegt und beim Ausrichten mit einer selbstklebenden Kupferfolie fixiert.

Abbildung 4.4: Der fertige Probenhalter während den ersten Tests. Auf dem Foto ist die zusätzliche Feder zwischen Piezo-Gehäuse und dem Plättchen, auf das der Piezo-Aktuator geklebt ist, zu sehen. Diese Feder reduziert das mechanische Spiel und stabilisiert so die Positionierung des Piezo-Aktuators bei der Montage des Si-Chips.

An dieser Stelle sei auf die Aussparung an der Auflagefläche, zu sehen in Abbildung 4.3 am oberen Ende des Si-Chips, hingewiesen. Sie war notwendig, da an diesen Stellen auf dem Chip Bondflächen vorhanden sind, die zur elektrischen Kontaktierung des Experiments benötigt werden.

Danach wird zunächst anstelle des Gehäuses eine einfache Abschlussplatte (siehe Anhang Seite 71) montiert. Sie unterstützt den Chip während des Bondvorganges. Im Anschluss wird diese „Bondplatte" durch das Gehäuse mit dem Piezo-Aktuator ersetzt. Der Chip ist dabei sicher zwischen den Auflageflächen und dem Gehäuse gelagert, jedoch nicht fest angepresst. Er wird also nach wie vor durch die selbstklebende Kupferfolie fixiert. Dies ist eine wichtige Rahmenbedingung für die Simulation der Verbiegung. Abschließend wird die Annäherung des Piezo-Aktuators mit der Schraube mit metrischen Feingewinde durchgeführt. Jetzt ist der Aufbau stabil genug, um problemlos transportiert und an den Kryostaten angebaut werden zu können.

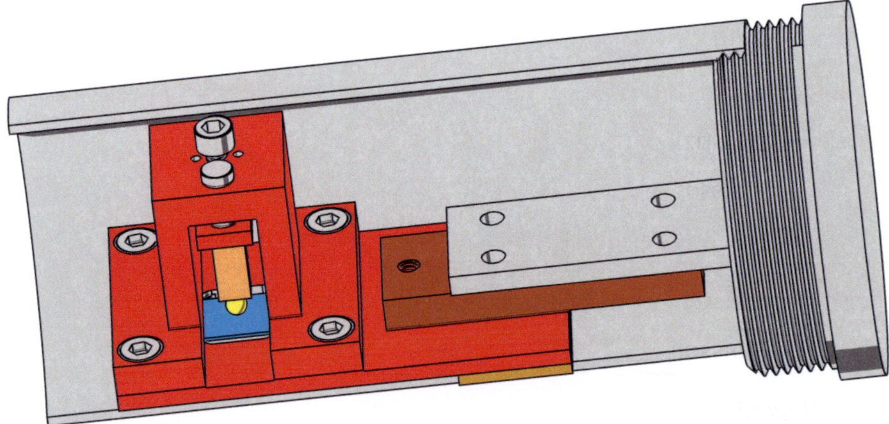

Abbildung 4.5: Illustration des Probenhalters montiert am Kryostaten. Ein Abstandshalter und die Zugentlastung für die Koaxialkabel (braun) sind aus Kupfer. Die Komponenten des Kryostaten (grau) stellen das untere Ende der Mischkammer mit Gewinde für die innere Abschirmung, die Montageplatte und den supraleitenden Abschirmbecher dar.

Die technischen Zeichnungen des Probenhalters sind im Anhang B abgedruckt. Das Design wurde mit der Studentenversion der Software Autodesk Inventor 2011 Professional Suite [36] erstellt.

Der fertig montierte Probenhalter im Testaufbau bei den Kapazitätsmessung zur Abschätzung des Stellwegs des Piezo-Aktuators ist in Abbildung 4.4 zu sehen. Auf dem Foto sind auch die nachträglich eingebauten Federn zu sehen, welche das Trägerplättchen mit dem Piezo-Aktuator gegen die Justierschraube pressen und so das mechanische Spiel verringern.

Abbildung 4.5 zeigt schließlich den vollständigen Aufbau, befestigt an der Mischkammer des Kryostaten. Dabei ist die Abmessung des supraleitenden Abschirmbechers als geschnittener Zylinder zusammen mit der Mischkammer und der Montageplatte angedeutet. In dieser Darstellung sieht man, dass der Aufbau gerade in das zur Verfügung stehende Volumen passt.

Mit einem vereinfachten Modell des Probenhalters, das aber immer noch die vollständige Auflagegeometrie des Si-Chips enthält, wurde nun die Verbiegung des Si-Chips mit Hilfe der Belastungsanalyse aus Autodesk Inventor 2011 simuliert.

Die physikalischen Eigenschaften zur Modellierung der Materialien wurden aus der Datenbank MatWeb [37] bezogen. Die wichtigsten sind nachfolgend aufgelistet:

- Silizium

    - Elastizitätsmodul: 112.4 GPa

    - Poisson-Verhältnis: 0.28

- Kupfer-Beryllium

    - Elastizitätsmodul: 115.0 GPa

    - Poisson-Verhältnis: 0.30

- Zirkonia

    - Elastizitätsmodul: 200.0 GPa

    - Poisson-Verhältnis: 0.31

Die Simulation wurde für einen Stellweg von 10 nm durchgeführt. Das Ergebnis ist in Abbildung 4.6 zu sehen. Man sieht zum einen die skalierte Deformation als Abweichung zur Ausgangsgeometrie. Hierbei ist zu sehen, dass der Si-Chip aufgrund der ausgesparten Auflageflächen etwas verdreht wird. Im Wesentlichen ergibt sich ein elliptischer Verlauf der Verzerrung, die im Zentrum am größten ist.

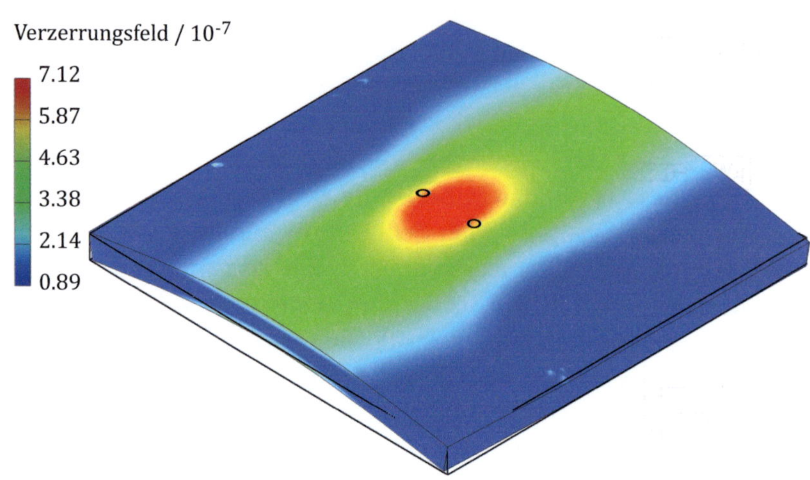

Abbildung 4.6: Simulation der Verbiegung. Die Abbildung zeigt die skalierte Deformation des Si-Chips als Abweichung zur Ausgangsgeometrie. Die Kraft auf den Piezo wurde gerade so gewählt, dass die Mitte des Chips um 10 nm angehoben wurde. Die Farbkodierung entspricht dem über alle Raumrichtungen gemittelten skalaren Verzerrungsfeld.

Die Verzerrung wurde innerhalb und am Rand der beiden Kreise ermittelt, welche der Position der Phasen-Qubits auf dem Chip entsprechen. Als Wert für die Verzerrung ε liefert die Simulation:

$$\varepsilon = 0.60 \cdot 10^{-7} \pm 0.05 \cdot 10^{-7} \text{ pro } 1\,\text{nm Anhebung} \tag{4.1}$$

Die angegebene Unsicherheit berücksichtigt die Ungenauigkeit in der Positionierung des Chips bezüglich der Kugel aus Zirkonia und damit die mögliche Abweichung der lokalen Verzerrung infolge der tatsächlichen Lage des Verzerrungsfeldes bezüglich der Phasen-Qubits.

Als weitere wichtige Größe liefert die Simulation die Rückstellkraft des Chips auf den Piezo-Aktuator infolge der Biegung des Chips, welche durch eine Federkonstante $D = 0.7\,\text{N/µm}$ in Abhängigkeit des Stellweges ausgedrückt werden kann. Dieser Wert wird für die Ermittlung des tatsächlichen Stellweges des Piezo-Aktuators benötigt.

4.2 Messung der Phasen-Qubits

In Abbildung 4.7 ist schematisch der elektronische Aufbau für die Messung der Phasen-Qubits dargestellt.

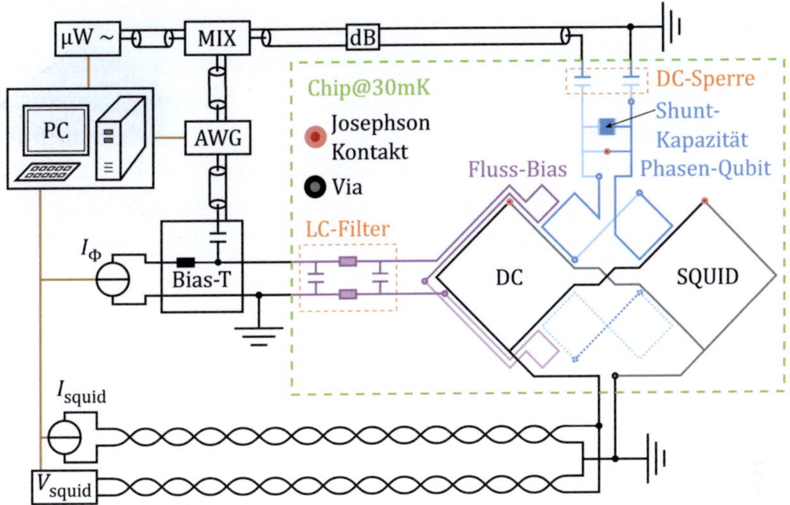

Abbildung 4.7: Anordnung der zur Messung des Phasen-Qubits benötigten Geräte. Außerdem ist die Struktur des Phasen-Qubits mit der gradiometrischen Anordnung der Fluss Leitungen und des DC-SQUID schematisch dargestellt. (Darstellung nach G. Grabovskij [34, Fig.4.2])

Das Messprogramm, welches im Wesentlichen von Jürgen Lisenfeld programmiert wurde, kontrolliert vom Messrechner aus Frequenz und Amplitude des Mikrowellen-Generators (µW). Die Mikrowelle wird durch zwei in Reihe geschaltete IQ-Mischer (MIX) geschaltet, welche über den ersten Kanal des programmierbaren Funktionsgenerators (AWG) gesteuert werden. Außerdem kontrolliert das Programm das Fluss-Bias. Die Grobeinstellung erfolgt über eine programmierbare DC-Stromquelle (I_ϕ) und die Feineinstellung über den zweiten Kanal des AWG der auch den DC-Puls zur Projektion der Zustände erzeugt, damit diese dann ausgelesen werden können. Die Überlagerung der beiden erfolgt über das sogenannte Bias-T. Der AWG steuert also das Timing der Messung und ermöglicht es die unterschiedlichen Puls-Sequenzen für die Messung der Spektren, Lebensdauer, Spin-Echo oder Ramsey-Oszillationen zu realisieren. Die eigentliche

Messung des Qubits, also der mit Hilfe des DC-Pulses projizierten Zustände, erfolgt durch Messung eines auf dem Chip integrierten DC-SQUIDs. Um das Einkoppeln elektrischer Störsignale, welche das Phasen-Qubit erheblich stören, zu unterdrücken werden alle Zuleitungen aufwendig gefiltert. Auf der Mikrowellenzuleitung, die vollständig koaxial ausgeführt ist, erfolgt dies zusammen mit der thermischen Ankopplung im Wesentlichen durch Dämpfungsglieder (dB). Das Fluss-Bias wird über zwei getrennte Zuleitung geführt. Das DC-SQUID ist über zwei Twisted-Pair Zuleitungen angeschlossen. Als Referenz dient die Massefläche auf dem Si-Chip, die direkt mit dem Probenhalter, also der Kryostatmasse, verbunden ist.

Alles innerhalb der grünen Box befindet sich auf dem Si-Chip, welcher während der Messung auf etwa 30 m K gehalten wird. Der verwendete Chip stammt aus der selben Serie, wie sie bei den Messungen von Simmonds [25] in der Gruppe von Professor Martinis verwendet wurden. Abbildung 4.7 zeigt außerdem schematisch das Design mit den gradiometrisch angeordneten Schleifen. Das gradiometrische Design macht das Phasen-Qubit unempfindlicher gegenüber statischen Feldern und verhindert die Kopplung des Fluss-Bias in das DC-SQUID. Die Strukturen des Phasen-Qubits sind in Blau dargestellt. Es wird über die DC-Sperre kapazitiv an die Mikrowellenzuleitung gekoppelt. Darunter ist die zusätzliche Shunt-Kapazität und der Josephson-Kontakt gezeichnet, in dessen intrinsischer Kapazität die Tunnelsysteme, welche Gegenstand dieser Arbeit sind, vermutet werden. Darunter befindet sich schließlich die supraleitende Schleife. Die farbliche Abstufung der blauen Strukturen repräsentiert die unterschiedlichen Lagen der Metallisierung auf dem Chip die durch mehrstufige lithografische Verfahren hergestellt werden. Das DC-SQUID, das für die Messung der projizierten Qubit-Zustände verwendet wird, ist in Schwarz dargestellt. Darunter sieht man eine weitere Schleife in gestricheltem Blau. Dabei handelt es sich um das gespiegelte Design der Qubit-Schleife, welche aus Symmetriegründen ein zweites Mal vorhanden ist. In Violett sind schließlich die zwei Schleifen zur Einkopplung des Fluss-Bias dargestellt. Diese sind über ein auf dem Chip integriertes LC-Filter und die Fluss-Leitungen angebunden.

Grundlage der Messung der Phasen-Qubits ist das Auslesen seines Quantenzustands. Dies erfolgt in zwei Schritten. Zuerst wird der Phasen-Zustand, der eine Überlagerung aus den Phasen-Eigenzuständen $|0\rangle$ und $|1\rangle$ darstellt, auf einen Fluss-Zustand $|L\rangle$ oder $|R\rangle$ projiziert. Im Experiment erfolgt dieser Schritt durch einen DC-Puls der dem Fluss-Bias überlagert wird. Dieser senkt die Potentialbarriere gerade so weit, dass das Phasen-Qubit, wenn es sich im $|1\rangle$-Zustand befindet, in den $|R\rangle$-Zustand übergeht. Diese Fluss-Zustände koppeln derart an das DC-SQUID, dass das Fluss-Offset eine Änderung dessen kritischen Stromes zur Folge hat. Die eigentliche makroskopische Messung besteht nun in der Bestimmung dieses kritischen Stromes, bei dem das DC-SQUID in den normalleitenden Zustand getrieben wird. In der Praxis wird hierzu im Experiment eine Stromrampe an das DC-SQUID angelegt. Die Zeitdifferenz zwischen dem Start der Stromrampe und der Detektion eines Spannungsabfalls liefert schließlich den kritischen Strom.

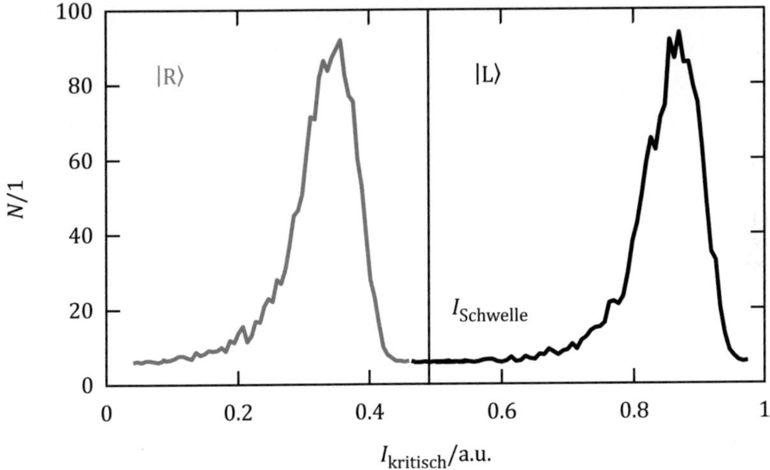

Abbildung 4.8: Histogramm des kritischen Stroms des DC-SQUIDs.

Wiederholtes Messen des kritischen Stromes liefert ein Histogramm wie in der rechten Hälfte von Abbildung 4.8 abgebildet ist. Integriert man über die Einzelmessung erhält man einen mittleren kritischen Strom.

Zu Beginn der Messung wird zunächst der mittlere kritische Strom in Abhängigkeit des Fluss-Bias gemessen. Beginnend bei Null Fluss-Bias, wo sich das Phasen-Qubit auf jeden Fall im $|L\rangle$ Fluss-Zustand befindet[4], wird in wiederholten Messungen das Fluss-Bias schrittweise erhöht, bis das

---

[4]Diese Tatsache ergibt sich bei der Diskussion des Messzyklus im folgenden Abschnitt und ist eine Folge der Abhängigkeit des Potentials des Phasen-Qubits vom Fluss-Bias.

Potential so weit verkippt wird, dass das Phasen-Qubit in den $|R\rangle$ Fluss-Zustand übergeht[4]. Die Folge ist, dass der kritische Strom abrupt abnimmt und somit eine Stufe im kritischen Strom des DC-SQUIDs sichtbar wird.

Die Messung dieser sogenannten Qubit-Stufe liefert den kleinen Bereich des Fluss-Bias, oberhalb der Stufe, bei der das Qubit als Phasen-Qubit betrieben werden kann.

In Abbildung 4.8 ist die charakteristische Verteilung des kritischen Stromes für zwei verschiedene Werte des Fluss-Bias zu sehen, wobei einer deutlich oberhalb und der andere unterhalb der Qubit-Stufe liegen. In der Praxis sind die beiden Histogramme oft nicht so sauber getrennt sondern überlappen. Durch festlegen eines Schwellwertes für den kritischen Strom wird für die weiteren Betrachtungen über die gemessenen Histogramme integriert, wobei das Verhältnis der Stromwerte unterhalb der Schwelle zu der Gesamtzahl der Messungen der Wahrscheinlichkeit entspricht, dass sich das Phasen-Qubit im $|R\rangle$-Zustand befindet. Die ist während den Experimenten infolge der Projektion der Phasen- auf die Fluss-Zustände gleichbedeutend mit der Wahrscheinlichkeit, dass sich das Qubit im $|1\rangle$-Zustand befindet.

Für jeden Wert des Fluss-Bias muss nun der DC-Puls, der die Projektion auf die Fluss-Zustände bewirkt, kalibriert werden. Aus Erfahrung wählt man dessen Amplitude gerade so, dass die ermittelte Wahrscheinlichkeit gerade um 5% gegenüber dem Untergrund von etwa 10% ansteigt.

Nun können die eigentlichen Experimente mit dem Phasen-Qubit angegangen werden. Hierzu kann man den Übergang der Phasen-Zustände durch resonantes Einstrahlen einer Mikrowelle induzieren. Die Resonanzfrequenz des untersuchten Phasen-Qubits konnte über das Fluss-Bias zwischen 11 und 13.5 GHz eingestellt werden. In Abbildung 4.9 ist die am häufigsten verwendete Puls-Sequenz für die Messung der Spektren dargestellt.

Im ersten Abschnitt der Sequenz wird das Fluss-Bias auf Null gesetzt und somit das Phasen-Qubit im Grundzustand initialisiert. Da zu diesem Zeitpunkt das Potential nur ein Minimum aufweist, welches später der linken Mulde entspricht, wird sichergestellt, dass sich das Phasen-Qubit im $|L\rangle$-Zustand befindet. Außerdem relaxiert das Phasen-Qubit in den $|0\rangle$-Zustand, da dieser Abschnitt wesentlich Länger als dessen Lebensdauer ist. Die minimale Dauer dieses Abschnittes und damit die maximal mögliche Messrate, ist dadurch begrenzt, dass das zur Messung in den normalleitenden Zustand getriebene DC-SQUID wieder supraleitend werden muss.

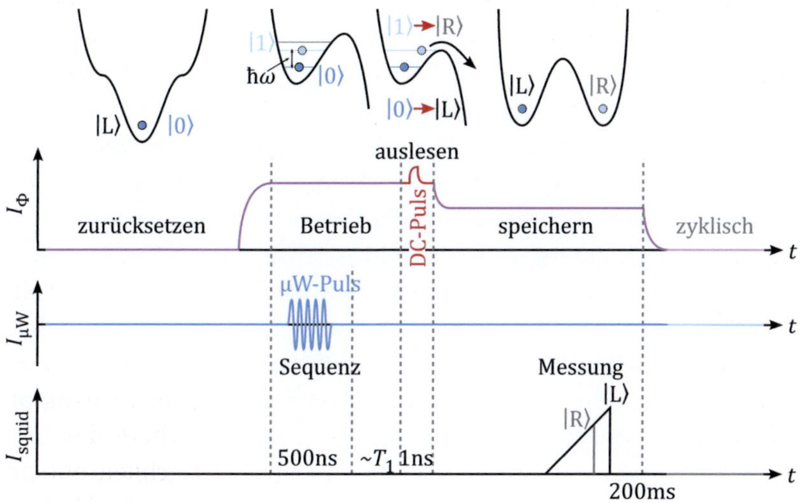

Abbildung 4.9: Ablauf des Messzyklus zur Erfassung eines Spektrums. Oben ist die Abhängigkeit des Potentials des Phasen-Qubits vom Fluss-Bias dargestellt. Darunter ist der Verlauf des Fluss-Bias und die Position der Mikrowellen-Puls-Sequenz angedeutet. Unten ist die Stromrampe beim Auslesen des DC-SQUIDS und die ungefähre Länge der relevanten Abschnitte angegeben. (Darstellung nach J. Lisenfeld [30, Fig.3.7])

Im zweiten Abschnitt erfolgt der Betrieb des Phasen-Qubits. Zur Spektroskopie wird hier ein im Vergleich zur Lebensdauer (T_1-Zeit) des Qubit-Zustandes langer Mikrowellen-Puls eingestrahlt. Ist die Mikrowellenfrequenz in Resonanz, so erwartet man im statistische Mittel die Gleichbesetzung der beiden Qubit-Zustände |0⟩ und |1⟩. Zum Abschluss der Puls-Sequenz wird auf das Fluss-Bias der DC-Puls von 1 ns gelegt, wodurch die Qubit-Zustände auf die Flusszustände |L⟩ und |R⟩ projiziert werden.

Im dritten Abschnitt liegt nur das reduzierte Fluss-Bias der programmierbaren DC-Stromquelle an. Hier ist das Potential im Wesentlichen symmetrisch und der projizierte Zustand des Qubits praktisch eingefroren. Nun beginnt die eigentliche Messung indem an das DC-SQUID eine Stromrampe angelegt wird. Der Zeitpunkt, an dem das DC-SQUID normalleitend wird, also eine Spannung detektiert wird, ist bestimmt durch das mit den Zuständen |L⟩ und |R⟩ verknüpfte Fluss-Offset in der DC-SQUID Schleife.

Wiederholt man diese Sequenz hundertfach, bei unseren Experimenten waren es zwischen fünfhundert und zweitausend Einzelmessungen, so erhält man Histogramme mit dem Verlauf des kritischen Stromes des DC-SQUIDs. Aus diesen wird die Wahrscheinlichkeit berechnet, das Phasen-Qubit im $|1\rangle$-Zustand zu finden. Für ein Spektrum stellt man diese Wahrscheinlichkeit in Abhängigkeit der eingestrahlten Mikrowellenfrequenz und dem Fluss-Bias als zweidimensionale Farbkarte dar.

Aufgrund der Quantenmechanik sollte sich für Bereiche in denen die Mikrowelle nicht resonant eingestrahlt wird der Wert Null ergeben und bei resonanter Einstrahlung ein Wert von 0.5. In der Praxis detektiert man Werte < 10% im nicht resonanten und Werte um 30% im resonanten Bereich. Diese sogenannte „Visibility" ist unter anderem durch den Überlapp der Histogramme des kritischen Stromes bedingt.

Da der Verlauf der Resonanzfrequenz des Phasen-Qubits mit Hilfe der Formel 2.20 ermittelt werden kann, ist es möglich die Messung nur in einem Intervall um die Resonanzfrequenz auszuführen. Trotzdem benötigt eine solche Messung mehrere Stunden. Jürgen Lisenfeld geht in seiner Arbeit [30] auf die Details der Messung des Phasen-Qubits ein.

Die Daten, welche im Rahmen dieser Arbeit gewonnen wurden und im nächsten Kapitel diskutiert werden, basieren – mit kleinen Abwandlungen – ausschließlich auf solchen spektroskopischen Messungen.

Als Grundlage für die im Ausblick erwähnten, bereits gestarteten Folgeexperimente möchte ich noch ganz kurz drei weitere Mikrowellen-Puls-Sequenzen vorstellen. Eine ausführliche Behandlung der Quantentomographie mittels verschiedener Puls-Sequenzen ist in der Arbeit von Grigorij Grabovskij [34] zu finden.

Anstelle des langen Mikrowellen-Pulses kann man auch, für eine gegebene Mikrowellen-Feldstärke, die Zeit für einen sogenannten π-Puls ermitteln, in dem man die sogenannten Rabi-Oszillationen misst. Ein π-Puls führt gerade dazu, dass ein Übergang von Zustand $|0\rangle$ nach $|1\rangle$ erfolgt. Man erwartet also eine Wahrscheinlichkeit von 1, das Qubit im $|1\rangle$-Zustand zu finden. Ist diese Zeit bekannt kann man durch Variation des Abstandes zum Auslesepuls die Lebensdauer des Qubit-Zustandes, die sogenannte T_1-Zeit, ermitteln. Die Begrifflichkeiten sind hierbei an die Nomenklatur der NMR angelehnt.

Mittels zwei $\pi/2$-π-$\pi/2$-Pulsen, kann man das sogenannte Spin-Echo untersuchen und dabei die Dephasierungszeit T_2 ermitteln.

Lässt man den π-Puls in der obigen Sequenz aus und variiert nur den zeitlichen Abstand der beiden $\pi/2$-Pulse so kann man die sogenannten Ramsey-Oszillationen beobachten, welche ein Maß für die reine Dephasierung $T_2^\star$ sind. Es gilt die Beziehung

$$T_2 = \left(\frac{1}{2T_1} + \frac{1}{T_2^\star} \right)^{-1} \tag{4.2}$$

wobei für große $T_2^\star$

$$T_2 \lesssim 2T_1 \tag{4.3}$$

übrig bleibt. Diese Relation trifft im Wesentlichen für ein ideales Atom zu.

5 Diskussion der Ergebnisse

Nachdem in den vorherigen Kapiteln die physikalischen Grundlagen und der experimentelle Aufbau der Experimente dieser Arbeit erläutert wurde, sollen in diesem Kapitel die Ergebnisse diskutiert werden.

Hierfür wird zunächst der Stellweg des Piezo-Aktuators ermittelt. Dieser wird für die Umrechnung der Spannung am Piezo-Aktuator in die Verzerrung am Ort des Phasen-Qubits benötigt.

Im Anschluss werden die Daten präsentiert. Diese wurden im Rahmen der Auswertung auf die theoretisch erwarteten Werte normiert, um die Diskussion zu vereinfachen.

5.1 Charakterisierung des Piezo-Aktuators

Die Charakterisierung basiert auf Messung der Kapazität zwischen der vergoldeten Kugel aus Zirkonia, aufgeklebt auf das Ende des Piezo-Aktuators und der mit Kupferfolie fixierten, ebenen Rückseite des Si-Chips mit den Phasen-Qubits. Da bereits die Betrachtung einer Kapazität aus einer metallischen Kugel über einer leitenden Fläche relativ kompliziert ist und die Messungen zeigten, dass die tatsächliche Kapazität im Experiment durch die zusätzlichen metallischen Flächen des Probenhalters, welche ebenso wie die Kupferfolie auf Masse liegen, stark abweicht, wurde auf eine absolute Kalibrierung verzichtet.

Stattdessen wurde wie in Abbildung 5.1 zu sehen ist, einfach die Kapazitätsänderung des Stellweges bei Raumtemperatur mit der Kapazitätsänderung bei 4.2 K verglichen. Der Stellweg bei Raumtemperatur beträgt 6.5 µm bei 100 V Piezospannung. Projiziert man nun die Kapazitätsänderung bei 4.2 K auf die ursprüngliche Kurve bei Raumtemperatur, so sieht man, dass für eine vergleichbare Änderung bei Raumtemperatur lediglich ein fünftel der Spannung benötigt wird. Daraus folgt, dass der Stellweg des Piezo-

Aktuators eben um den Faktor fünf abnimmt. Der ermittelte Faktor ist in Übereinstimmung mit ausführlichen Messungen von Taylor [28].

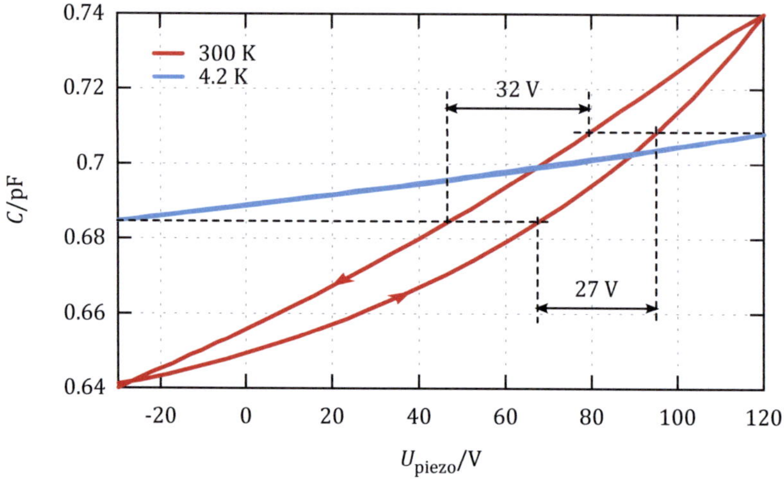

Abbildung 5.1: Ermittlung des tatsächlichen Stellweges durch Kapazitätsmessungen. In der Abbildung ist die Abhängigkeit der Kapazität von der Spannung am Piezo bei Raumtemperatur und 4.2 K zu sehen. Aus der Projektion der Kapazitätswerte bei 4.2 K auf die Raumtemperaturkurve erhält man die Änderung der Spannung am Piezo, die bei Raumtemperatur für die selbe Abstandsänderung erforderlich ist. Daraus ergibt sich schließlich, dass der Stellweg bei 4.2 K um den Faktor für reduziert ist. Messung von G. Grabovskij

Für den Stellweg bei Temperaturen unterhalb von 4.2 K ergibt sich daraus ein Wert von 13 nm pro V.

Bei diesen Messungen zeigte sich außerdem, dass der thermische Expansionskoeffizient des Piezo-Aktuators deutlich kleiner ist als der von Kupfer-Beryllium. Die Annäherung des Piezo-Aktuators an den Chip mit Hilfe der Schraube mit metrischem Feingewinde konnte bereits so eingestellt werden, dass der Abstand zwischen Chip und vergoldeter Zirkonia-Kugel kleiner als der Stellweg des Piezo-Aktuators war. In diesem Fall war es möglich, den Kontakt durch Anlegen einer Spannung an den Piezo-Aktuator herzustellen. Es zeigte sich jedoch, dass auch wenn der Anfangsabstand größer als der Stellweg des Piezo-Aktuators war, dieser beim Abkühlen auf 4.2 K aufgrund der unterschiedlichen thermischen Kontraktion in Kontakt kam. Damit beträgt die mechanische Vorspannung des Chips, für den Fall, dass beide bei Raumtemperatur in Kontakt sind, mehr als 10 µm. Schätzt man den Unterschied mit den von Taylor [28] ermittelten Expansionskoeffizienten mit

$$\alpha_{\text{Cu}} = (16 \cdot 10^{-6}\, \frac{1}{\text{K}} \cdot 200\,\text{K} + 8 \cdot 10^{-6}\, \frac{1}{\text{K}} \cdot 100\,\text{K}) \cdot 10\,\text{mm} = 40\,\text{µm} \quad (5.1)$$

und

$$\alpha_{\text{PZT}} = (7 + 4.5 + 2) \cdot 10^{-6}\, \frac{1}{\text{K}} \cdot 100\,\text{K} \cdot 10\,\text{mm} = 13.5\,\text{µm} \quad (5.2)$$

ab, so ergibt sich eine mechanische Vorspannung des Chips durch einen thermischen Stellweg von 26.5 µm. Dies entspricht gemäß der in der Simulation ermittelten Federkonstante $D = 0.7\,\text{N/µm}$ einer Rückstellkraft auf den Piezo-Aktuator infolge des Biegemoments des Chips von 18.55 N. Diese liegt aber unter der Belastungsgrenze des verwendeten Piezo-Aktuators und braucht somit nicht berücksichtigt werden [40].

Die Federkonstante D selbst führt allerdings bezogen auf die Steifigkeit $k_\text{S} = 24\,\text{N/µm}$ des Piezo-Aktuators noch einmal zu einer Reduktion des tatsächlichen Stellweges [40]. Für den Stellweg s gilt somit

$$s = s^\star \left(1 - \frac{D}{D + k_\text{S}}\right) \approx s^\star \cdot 0.972 \approx 12.5\, \frac{\text{nm}}{\text{V}} \quad (5.3)$$

wobei $s^\star = 13\,\text{nm}$ der abgeschätzte Stellweg ohne Belastung ist.

Für die Umrechnung der angelegten Spannung U_{piezo} an den Piezo-Aktuator in die Verzerrung ε bedeutet das:

$$\varepsilon = (7.5 \pm 0.6) \cdot 10^{-7}\, \frac{1}{\text{V}} \cdot U_{\text{piezo}} \quad (5.4)$$

5.2 Charakterisierung einzelner Tunnelsysteme

Alle Messungen wurden an einem Phasen-Qubit durchgeführt, das aus einer Serie von Simmonds [25] stammt. Diese wurden auf oxidierten Si-Chips gefertigt und besitzen noch einen vergleichsweise großen Josephson-Kontakt von 32 μm^2 und damit eine große Anzahl von Tunnelsystemen. Als Folge besitzen diese Phasen-Qubits nur eine geringe Energie-Relaxationszeit $T_1 \approx 13$ ns, was einer Linienbreite der Resonanz von 70 MHz entspricht. Der Grund für die Auswahl dieser älteren Chips liegt darin begründet, dass das neue Design auf Saphir Chips gefertigt wird, was sich deutlich schlechter biegen lässt.

In Abbildung 5.2 sind fünf Spektren des gemessenen Phasen-Qubits für verschiedene Werte der Verzerrung am Ort des Phasen-Qubits gezeigt, was verschiedenen Spannungen am Piezo-Aktuator entspricht. Die aus den gemessenen Histogrammen des kritischen Stromes ermittelten Wahrscheinlichkeiten $P(|1\rangle)$, das Phasen-Qubit im $|1\rangle$-Zustand zu finden, bewegen sich im Experiment zwischen 8 und 32 %. Um einen guten Kontrast für die Abbildung zu erzielen, wurde der kleinste gemessene Wert als Untergrund abgezogen und die maximale Wahrscheinlichkeit auf den bei der Spektroskopie theoretisch erwarteten Wert von 0.5 normiert.

In dieser Abbildung kann man nun die bereits in früheren Arbeiten beobachteten „avoided level crossings" erkennen, die der resonanten Kopplung zwischen einem Tunnelsystem und dem Phasen-Qubit zugeschrieben werden. Außerdem kann man, wenn man die gemessenen Spektren miteinander vergleicht die „avoided level crossings" bei verschiedenen Spannungen am Piezo-Aktuator, welche verschiedenen Verzerrungen ε am Ort des Phasen-Qubits entsprechen, zuordnen. In Abbildung 5.2 sind drei dieser „avoided level crossings" markiert und man erkennt, dass sich die Frequenz dieser Tunnelsysteme praktisch linear mit der Verzerrung ε ändert, während der Verlauf der Resonanzfrequenz des Phasen-Qubits unverändert bleibt. Die beobachtete Änderung ist im Wesentlichen reversibel. Lediglich nach Tagen bzw. Wochen kontinuierlicher Messungen konnten größere Änderungen am Spektrum beobachtet werden, welche auf wandernden eingefrorenen Fluss, der das Phasen-Qubit beeinflusst, bzw. mechanische Relaxation der Vorspannung, die das Verzerrungsfeld beeinflusst, zurückgeführt werden.

Die Tatsache, dass die Tunnelsysteme unterschiedliche Kopplungsstärken zu dem Phasen-Qubit aufweisen, äußert sich in der unterschiedlich

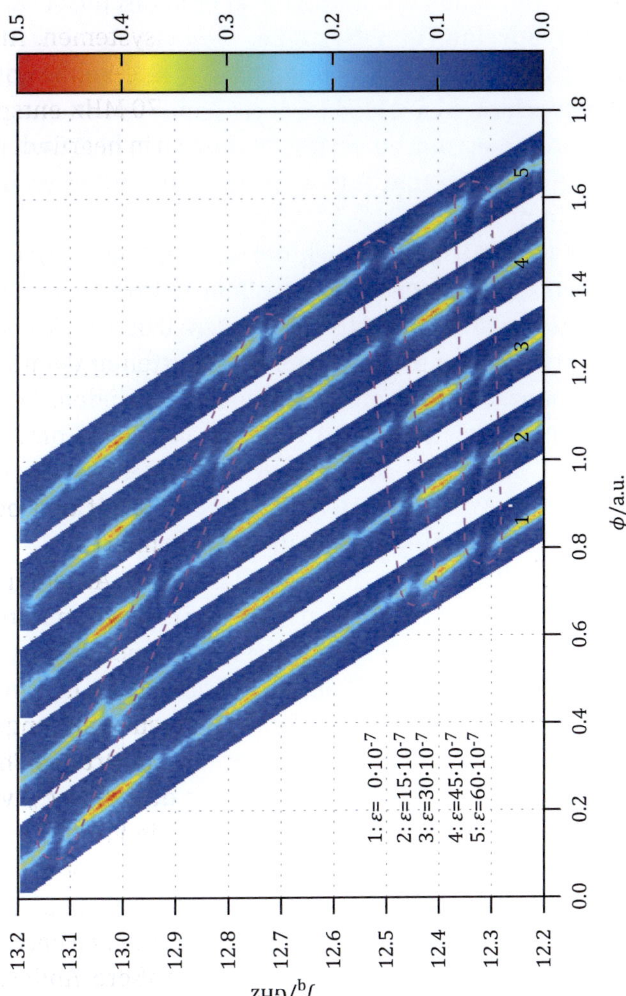

Abbildung 5.2: Einfluss der Verzerrung auf die „avoided level crossings" in den Spektren. In der Abbildung sind Spektren für fünf verschiedene Spannungen am Piezo-Aktuator gezeigt. Diese entsprechen den angegebenen Verzerrungen ε am Ort des Phasen-Qubits. Markiert sind jeweils die selben „avoided level crossings" und man sieht, dass sich deren Frequenz praktisch linear mit der Verzerrung ε verschiebt.

starken Aufspaltung der „avoided level crossings". Zusätzlich beobachtet man die unterschiedliche Variation der Frequenzverschiebung der „avoided level crossings", welche eine Folge der willkürlichen Anordnung der Tunnelsysteme und deren Kopplungsstärke in Bezug auf das erzeugte Verzerrungsfeld ist. Beide Tatsachen unterstützen so erstmals die Annahmen des Tunnelmodells für einzelne Tunnelsysteme.

Bei der Auswertung hat sich schnell gezeigt, dass es sehr mühsam ist, in den Spektren alle beobachteten „avoided level crossings" zu erkennen und diese bei Variation der Verzerrung zu verfolgen. Aus diesem Grund wurde überlegt, wie man die Messung und Auswertung systematisieren und so effizienter gestalten kann.

Die interessanteste Information, nämlich die Abhängigkeit der Energie der Tunnelsysteme von der Verzerrung, ist allein in der Frequenz, bei der die „avoided level crossings" auftreten, enthalten. Diese Stellen sollten allein aufgrund der reduzierten Wahrscheinlichkeit entlang dem Verlauf der erwarteten Resonanz des Phasen-Qubits ermittelt werden können. Dieser Verlauf ist gemäß Gleichung 2.20 bekannt und wird bereits bei der Messung verwendet, da man die Spektren erfasst, indem man ein festes Frequenzintervall um die Resonanzfrequenz untersucht. Die Messung eines einzelnen Spektrums dauert in dieser Form mehrere Stunden.

Betrachtet man daher die gemäß Gleichung 2.20 erwartete Resonanzfrequenz des Phasen-Qubits in Abhängigkeit der gemessenen Frequenz so erhält man ein Spektrum wie es in Abbildung 5.3 zu sehen ist. Betrachtet in diesem linearisierten Verlauf nun die Wahrscheinlichkeit $P(|1\rangle)$ das Phasen-Qubits im $|1\rangle$-Zustand zu finden nur entlang der erwarteten Resonanz, so erhält man den Verlauf aus Abbildung 5.4. Vergleicht man beide Abbildungen, so erkennt man, dass die Minima in der Wahrscheinlichkeit gerade den Frequenzen der „avoided level crossings" entsprechen. Es hat sich gezeigt, dass es somit bereits bei der Messung ausreichend ist, die Daten entlang der erwarteten Resonanz des Phasen-Qubits zu messen. Dadurch konnte die benötigt Messzeit erheblich reduziert werden.

Trägt man also die nach diesem Schema gemessene Wahrscheinlichkeit $P(|1\rangle)$ in Abhängigkeit der Verzerrung ε und der Frequenz f_{q} wieder als zweidimensionale Farbkarte auf, so erhält man übersichtliche Darstellungen wie sie auch in Abbildung 5.5 gezeigt ist. In dieser Darstellung kann man nun leicht die kontinuierliche Variation der Eigenfrequenzen der Tunnelsysteme in Abhängigkeit der Verzerrung beobachten.

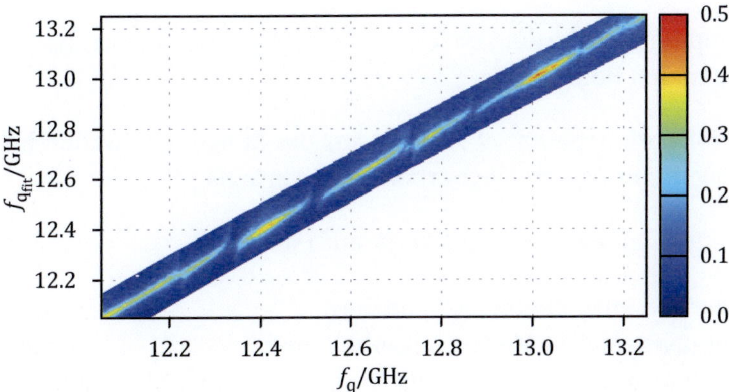

Abbildung 5.3: Darstellung der gemäß Gleichung 2.20 erwarteten Resonanzfrequenz des Phasen-Qubits über der gemessenen Frequenz.

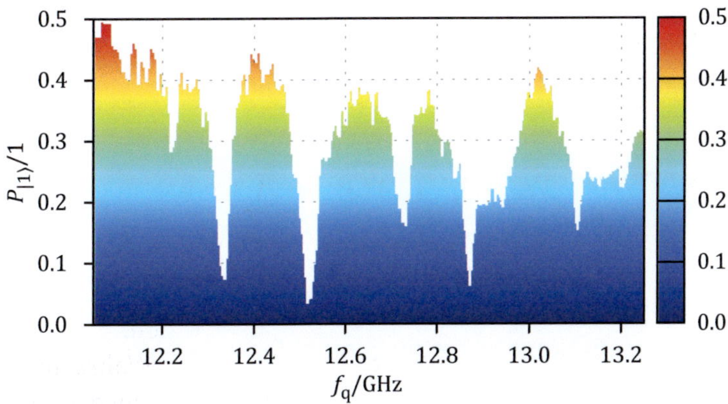

Abbildung 5.4: Wahrscheinlichkeit das Phasen-Qubits bei resonanter Anregung im $|1\rangle$-Zustand zu finden.

Aus Abbildung 5.5 kann man außerdem folgende Dinge ablesen,

- Anzahl der Tunnelsysteme im gemessenen Frequenzbereich

- Kopplungsstärke der kohärenten Tunnelsysteme an das Phasen-Qubit durch den Kontrast

- Deformationspotential γ direkt aus der Steigung bzw. durch Anpassung des erwarteten hyperbolischen Verlaufs (lila)

- Einfluss sogenannter Fluktuatoren[1] (schwarz)

auf welche nun einzeln eingegangen wird.

Das herausragendste Merkmal in Abbildung 5.5 ist das stark gekoppelte Tunnelsystem mit hyperbolischem Verlauf, das sich über den gesamten Bereich der untersuchten Verzerrung erstreckt. Dieser Verlauf wurde an die vom Tunnelmodell vorhergesagte hyperbolische Energieabhängigkeit angepasst. Die resultierende Funktion

$$E(\varepsilon) = h\sqrt{(12.4\,\text{GHz})^2 + (2 \cdot 47.8\,\text{THz} \cdot (\varepsilon - 123.5 \cdot 10^{-7}))^2} \tag{5.5}$$

$$E(\varepsilon) = \sqrt{\Delta_0^2 + (2 \cdot \gamma \cdot (\varepsilon - \varepsilon_{\Delta=0})^2} \tag{5.6}$$

wurde direkt als gestrichelte lila Kurve in die Daten eingezeichnet, damit man die hervorragende Übereinstimmung erkennen kann. Aus der Anpassung ergeben sich durch Vergleich der Gleichungen 5.5 und 5.6 folgende relevante Größen:

$$\Delta_0 = h \cdot 12.4\,\text{GHz} = 51.3\,\mu\text{eV} \tag{5.7}$$

$$\gamma = h \cdot 47.8\,\text{THz} = 0.2\,\text{eV} \tag{5.8}$$

$$\varepsilon_{\Delta=0} = 123.5 \cdot 10^{-7} \tag{5.9}$$

Mit dieser Messung konnte erstmals eine der zentralen Hypothesen des Tunnelmodells, nämlich die hyperbolische Energieabhängigkeit von der Verzerrung, experimentell für ein einzelnes kohärentes Tunnelsystem bestätigt werden.

---

[1]nicht kohärente Tunnelsysteme, die langsam und zufällig zwischen den beiden Mulden hin und her tunneln

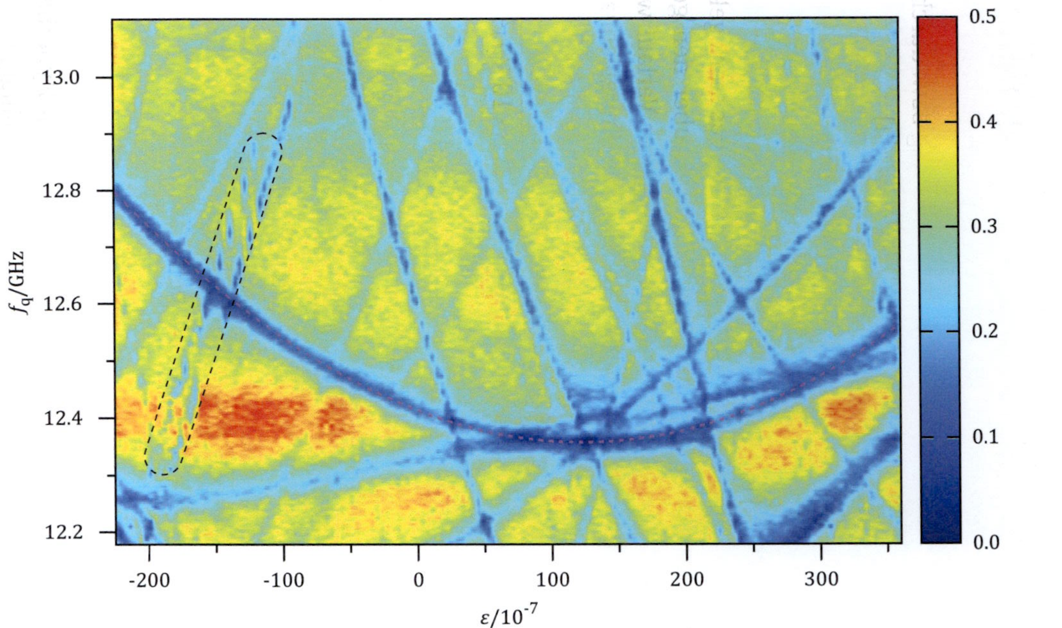

Abbildung 5.5: Spektroskopie der Energie der Tunnelsysteme. (lila) Anpassung an den erwarteten hyperbolischen Verlauf gemäß des Tunnelmodells. (schwarz) Einfluss eines sogenannten Fluktuators[1] auf ein kohärentes Tunnelsystem.

Als weiteres herausragendes Ergebnis kann das Tunnelsystem, welches in Abbildung 5.5 schwarz umrandet ist angesehen werden. Es springt während der Messung, die über mehrere Stunden dauert, sporadisch um etwa 100 MHz hin und her. Dies deutet darauf hin, dass das resonante Tunnelsystem, welches durch seine Kopplung an das Phasen-Qubit gemessen wird, zusätzlich zur Verzerrung, die durch den Piezo-Aktuator hervorgerufen wird, noch den Einfluss eines sogenannten Fluktuators spürt. Unter einem Fluktuator versteht man ein nicht kohärentes Tunnelsystem welches langsam und zufällig zwischen seinen beiden Mulden hin und her tunnelt.

Das Auftreten dieser Fluktuatoren in ungeordneten Metallen, ihre Kopplung an Leitungselektronen und ihr Einfluss auf den elektronischen Transport wurde in unserer Gruppe von Silke Brouër [18] bereits 1999 beobachtet.

Aus unseren Messungen über einen Frequenzbereich von 11 bis 13.5 GHz konnten insgesamt 41 einzelne atomare Tunnelsysteme identifiziert und deren Deformationspotential γ ermittelt werden. Die Verteilung der Werte des Deformationspotentials γ ist in Abbildung 5.6 gezeigt. Die größten gefundenen Werte lagen bei $\gamma \approx 0.4\,\text{eV}$ und somit unterhalb des mittleren Wertes $\gamma \approx 1\,\text{eV}$ wie er aus Messungen an Gläsern bekannt ist. Nun kann aus den Daten aber ebenfalls abgeschätzt werden, dass in der vorliegenden Aluminiumoxid-Barriere, die ein Volumen von $2\,\text{nm} \times 32\,\mu\text{m}^2$ aufweist, etwa 10 Tunnelsysteme pro GHz vorliegen. Daraus ergibt sich, dass wir eine Tunnelsystemdichte von $3 \cdot 10^{15}\,/(\text{Kcm}^3)$ haben, welche etwa zwei Größenordnungen kleiner ist als die in Gläsern. Zusammen mit der Tatsache, dass die Tunnelsysteme zufällig und willkürlich orientiert in der Aluminiumoxid-Barriere der Josephson-Kontakte vorliegen, ist die gefundene Gauß'sche Normalverteilung nicht unerwartet. Außerdem wird unsere Messmethode für größere Werte des Deformationspotentials γ immer weniger empfindlich.

Wir gehen davon aus, dass das gefundene Verhalten charakteristisch für die Tunnelsysteme dieser dünnen Aluminiumoxid-Barriere ist und eine erste mikroskopische Bestätigung des seit 40 Jahren erfolgreich eingesetzten empirischen Tunnelmodells darstellt. Obwohl diese Messungen an einzelnen atomaren Tunnelsystemen erfolgten, ist es uns nicht möglich die Frage zu beantworten, ob es nun tatsächlich einzelne Atome oder doch Gruppen von Atomen sind, welche die Tunnelbewegung im Festkörper ausführen.

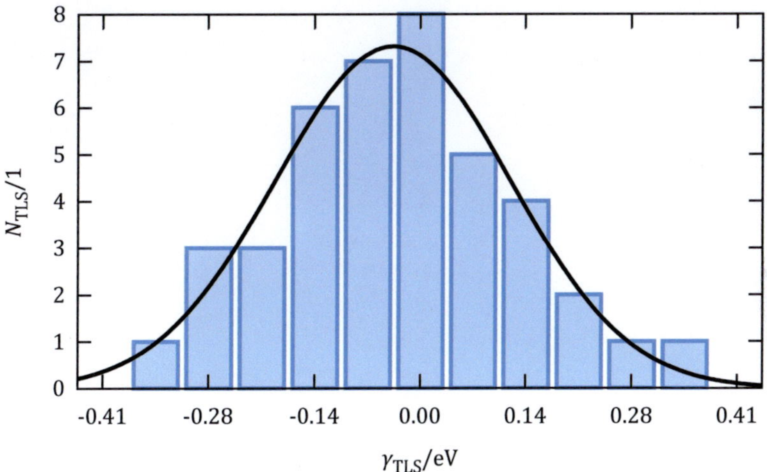

Abbildung 5.6: Verteilung der mittels Spektroskopie gefundenen Werte für das Deformationspotential γ. Die angepasste Gauß-Kurve zeigt, dass diese einer Normalverteilung folgen. Auswertung von J. Lisenfeld

6 Zusammenfassung und Ausblick

Während meiner Promotion haben wir die Idee verfolgt, den Einfluss mechanischer Verzerrung auf einzelne atomare Tunnelsysteme mit Josephson Phasen-Qubits zu untersuchen.

Hierzu habe ich mich zunächst mit den Grundlagen supraleitender Qubits beschäftigt, welche auf dem Josephson-Effekt basieren. Ein besonderer Schwerpunkt lag dabei auf dem Verständnis der Phasen-Qubits, mit welchen unsere neuen Experimente durchgeführt wurden.

Die Daten früherer Experimente an den Phasen-Qubits zeigen, dass deren Phasen-Eigenzustände resonant an parasitäre quantenmechanische Zwei-Zustands-Systeme koppeln. Im Spektrum der Phasen-Qubits hinterlässt diese Kopplung aufgrund der Abstoßung der Energie-Niveaus eine eindeutige Signatur, welche als „avoided level crossing" bekannt ist. Diese Beobachtung war der Ausgangspunkt für unsere Idee, die Phasen-Qubits als Instrument zur Untersuchung dieser parasitären Zwei-Zustands-Systeme zu verwenden. Aufgrund der ungeordneten Natur der Oxid-Barriere der Josephson-Kontakte war es für uns naheliegend, diese als atomare Tunnelsysteme zu identifizieren, wie sie bereits aus Messungen an Gläsern bekannt sind.

Für das Verständnis unserer Experimente ist es außerdem wichtig, die Grundlagen der Tunnelsysteme und deren theoretische Beschreibung im Tunnelmodell zu kennen. Daraus können Vorhersagen für die Daten unseres Experiments abgeleitet werden:

Erstens, die Vorhersage der Abhängigkeit der Energie der Tunnelsysteme, die sich infolge der Kopplung der Asymmetrie-Energie an die statische Verzerrung durch das sogenannte Deformationspotential ergibt. Zweitens, ein möglicher Mechanismus der eine resonante Kopplung dieser Tunnelsysteme an das Phasen-Qubit zulässt. Höchstwahrscheinlich erfolgt diese Kopplung dadurch, dass die atomaren Tunnelsysteme ein elektrisches Dipolmoment besitzen, welches mit dem elektrischen Feld wechselwirkt, das während eines Übergangs zwischen den Phasen-Eigenzuständen im Josephson-Kontakt herrscht.

Zur Vorbereitung des Experiments habe ich mir Gedanken über die erforderlichen experimentellen Rahmenbedingungen gemacht, welche in der Konstruktion eines speziellen Probenhalters mündeten, mit dem es möglich ist den Chip mit den Phasen-Qubits in situ zu verbiegen. Mit einer Simulation des mechanischen Aufbaus, Kapazitätsmessung zur Kalibrierung des Piezo-Stellweges und Abschätzungen zur Verspannung des Aufbaus infolge unterschiedlicher thermischer Expansion wurde der vorliegende Aufbau klassifiziert und der Koeffizient für die Umrechnung der statischen elektrischen Spannung am Piezo-Aktuator in die erwartete Deformation am Ort des Phasen-Qubits ermittelt. Abschließend habe ich mich mit dem vorhandenen Messaufbau und dem Messprinzip der Phasen-Qubits beschäftigt, dessen Verständnis zur Auswertung der Rohdaten unerlässlich ist.

In ersten gemessenen Qubit-Spektren konnten einzelne „avoided level crossings" identifiziert und bei Variation der Deformation verfolgt werden. Diese zeigen im Wesentlichen eine lineare Abhängigkeit von der Deformation, wie sie gemäß Tunnelmodell für Tunnelsysteme mit großer Asymmetrie-Energie erwartet wird. Die weitere Analyse der Daten führte zu einer Abwandlung der Messung, welche es ermöglichte direkt die Abhängigkeit der Energie der Tunnelsysteme von der Deformation aufzuzeichnen. Die so gewonnenen Daten sind das Herzstück dieser Dissertation. Sie zeigen auf recht intuitive Weise die Eigenschaften einzelner kohärenter atomarer Tunnelsysteme.

Betrachtet man dieses Tunnelsystem-Spektrum, so können mehrere bemerkenswerte Dinge abgeleitet werden: Unserer Annahme, dass es sich bei den parasitären Zwei-Zustands-Systemen tatsächlich um atomare Tunnelsysteme handelt, erweist sich, mit der vom Tunnelmodell vorhergesagten Abhängigkeit der Asymmetrie-Energie von der Verzerrung, als korrekt. Die Beobachtung von statistischen Sprüngen eines dieser Tunnelsysteme deutet auf die Wechselwirkung mit einem weiteren inkohärenten Tunnelsystem hin. Diese sind bereits als Fluktuatoren bekannt. Damit stellen unsere Messungen erstmals eine experimentelle Bestätigung des seit 40 Jahren erfolgreich eingesetzten empirischen Tunnelmodells auf mikroskopischer Ebene dar, wenngleich nach wie vor keine Aussage darüber möglich ist, ob die atomaren Tunnelsysteme nun aus einzelnen oder mehreren Atomen bestehen. Aus den Daten konnte außerdem ermittelt werden, dass in der Aluminiumoxid-Barriere die Dichte der atomaren Tunnelsysteme bei $3 \cdot 10^{15}$ /(Kcm^3) liegt und somit etwa zwei Größenordnungen niedriger als in Gläsern ist. Insgesamt konnten mit unserer Methode 41 Tunnelsysteme gemessen und deren Deformationspotential bestimmt werden. Die Ergebnisse dieser Arbeit[41] sind zur Veröffentlichung eingereicht.

Das Projekt wurde im Anschluss nahtlos von Grigorij Grabovskij und Jürgen Lisenfeld weitergeführt, die mit dem selben experimentellen Aufbau bereits die neueren Phasen-Qubits auf Saphir-Chips messen konnten, welche eine etwa zehnfach längere Kohärenzzeit aufweisen. Zusammen mit einer weiteren Verbesserung des Messverfahrens konnten auf diese Weise bereits erheblich umfangreichere Daten über die Tunnelsysteme gewonnen werden.

Außerdem laufen die Vorbereitungen für Experimente zur direkten Manipulation der Tunnelsysteme mit Ultraschall. Diese erfordern das Einkoppeln von Ultraschall mit Frequenzen von einigen GHz, was nicht mehr mit kommerziellen Schallwandlern möglich ist. Aus diesem Grund haben wir mit der Herstellung von piezoelektrischen ZnO-Schichten begonnen. Die Sputter-Anlage, die dabei zum Einsatz kommt, wurde von mir bereits während meiner Promotion aufgebaut. Obwohl die Optimierung der ZnO-Schichten bereits so weit vorangeschritten ist, dass erfolgreich Ultraschall erzeugt werden kann, müssen noch einig Hürden genommen werden. Unter anderem muss der zur Verfügung stehende elektrische Messaufbau für Frequenzen oberhalb von 1 GHz aufgerüstet werden. Weiter muss ermittelt werden, wie gut die ZnO-Schallwandler bei Obertönen betrieben werden können, da der angestrebte Frequenzbereich, aufgrund der minimal möglichen Schichtdicke mit ausreichender Kristallinität, nicht direkt zugänglich ist. Weitere Probleme sind beim Aufbringen der ZnO-Schallwandler auf die bestehenden Phasen-Qubits zu erwarten. Es hat sich bereits gezeigt, dass sich die unpolierte Rückseite der Saphir-Chips nicht dafür eignet und auch nicht mit im Haus zur Verfügung stehenden Mitteln auf die benötigte Qualität präpariert werden kann. Außerdem ist noch unklar, ob und wie stark die Phasen-Qubits bei den Temperaturen des ZnO-Sputter-Prozesses degradieren. Trotz all dieser Schwierigkeiten erachten wir es als erstrebenswert das Projekt fortzuführen, da bei Erfolg die Tunnelsysteme innerhalb der Phasen-Qubits, mit ihren zum Teil sehr langen Kohärenzzeiten, selbst als Qubit verwendet und dabei mit dem Josephson Phasen-Qubits ausgelesen werden könnten.

A Abstract

The experimental work of this thesis is concerned with the idea to study the influence of mechanical strain on single atomic tunneling systems investigated by Josephson phase qubits.

Starting with the study of superconducting qubits which are based on the Josephson effect, I focused on the so-called phase qubits which were used for this work. Existing experiments reveal resonant coupling to parasitic quantum mechanical two-level-systems as clearly evidenced by a signature in the spectra of the phase qubits in form of so-called „avoided level crossings" which are caused by the energy level repulsion of the two quantum systems. These observation was the basis of our idea to use the phase qubits as an instrument to study these parasitic two-level-systems. According to the disordered nature of the oxide-barrier of the Josephson contacts it was obvious for us to identify them with coherent atomic tunneling systems like those known from studies of glasses.

The insight of those tunneling systems together with their description according to the tunneling-model is essential to understand our experiments. Two important predictions follow for the context of this work.

First, the dependence of the energy of the tunneling systems which changes as a consequence of the coupling of the asymmetry-energy to the applied mechanical strain via the so-called deformation potential. Second, a possible mechanism that leads to resonant coupling with the phase qubits. Most likely this coupling is given by the interaction of an electric dipole moment of the atomic tunneling system with the electric field that builds up inside the Josephson junction during the transition between the phase eigenstates.

After that, I made some considerations about the experimental constraints which led to the construction of a special sample holder capable of in situ bending the chip with the phase qubits. By simulating the bending process of our mechanical setup and a calibration done by capacitance measurements combined with estimations of the mechanical preload due to different thermal expansion coefficients the whole setup was classified. Hence a coefficient was obtained that relates the static voltage at the piezo to the expected mechanical strain at the location of the phase qubits. Finally I studied the electric setup to measure the phase qubits and their principal of operation as this is necessary to understand the collected data.

In our data of the first measured qubit spectra some „avoided level crossings" could be identified and traced under variation of strain. They show essentially a linear dependence on the strain as expected for tunneling systems with asymmetry-energies being considerably larger than their tunneling energies. Further analysis of our data led to a modification of the measurement method which made it possible to record directly the strain dependence of the energy splitting of the tunneling systems. The data obtained with this method is the core of this thesis. It shows in a quite intuitive way the properties of single coherent atomic tunneling systems.

A closer view reveals several remarkable things: We observe the parasitic two-level-systems to obey the hyperbolic energy dependence on the applied strain as predicted by the tunneling model. Thus our assumption that they can be identified with atomic tunneling systems like those found in glasses seems to be correct. The observation of statistical jumps of one of these tunneling systems is readily explained by the presence of a nearby incoherent tunneling system. Such systems are also known as fluctuators. Thus, our measurements can be considered as first experimental validation on a microscopic level of an empiric assumption of the tunneling model used successfully during the past 40 years.

Nevertheless it is still not possible to tell whether these atomic tunneling systems consist of single or multiple atoms. Furthermore, it was possible to extract the density of atomic tunneling systems in the aluminum-oxide-barrier which is about $3 \cdot 10^{15} / (\mathrm{Kcm}^3)$ and thus almost two orders of magnitude smaller than in glasses. Altogether, it was possible with our method to identify 41 tunneling systems and measure their deformation potential. The results of this work[41] are submitted for publication.

The project is continued seamlessly by Grigorij Grabovskij and Jürgen Lisenfeld. They use the same setup to perform measurements on the next generation of phase qubits fabricated on sapphire chips having an almost ten times longer coherence time. Together with a further improvement of the measurement technique they already succeeded to collect even more extensive data.

Finally, preparations for experiments are in progress to directly manipulate the tunneling systems within the Josephson junction's oxide barrier by ultrasound. This requires to couple ultrasound with frequencies of several GHz into the chip, which is not possible using commercially available transducers. Therefore we started to prepare the fabrication of piezoelectric ZnO-layers. The required sputtering system was built by me during my PhD studies. Even though the quality of our fabricated ZnO-layers is already good enough to perform ultrasound measurements there are still some major issues to overcome. First of all the existing electrical setup has to be extended for the frequency range above 1 GHz. After that one has to find out how good these transducers can be operated at higher harmonics to reach the desired frequency range which is not accessible due to the minimal thickness of ZnO-layers with adequate crystallinity. Further problems arise when trying to fabricate the transducers on the chips of existing qubits. It has been noticed, that the unpolished rear side of the sapphire chips is inappropriate and cannot be processed with equipment in our labs to reach the needed quality. It is still unclear how the properties of the qubits degrade at temperatures reached during the ZnO deposition. Despite all this we consider it worth the effort since on success it offers the possibility to operate the tunneling systems themselves as qubits. Exploiting their potentially long coherence times they can be read out by the Josephson junction phase qubit.

B Technische Zeichnungen

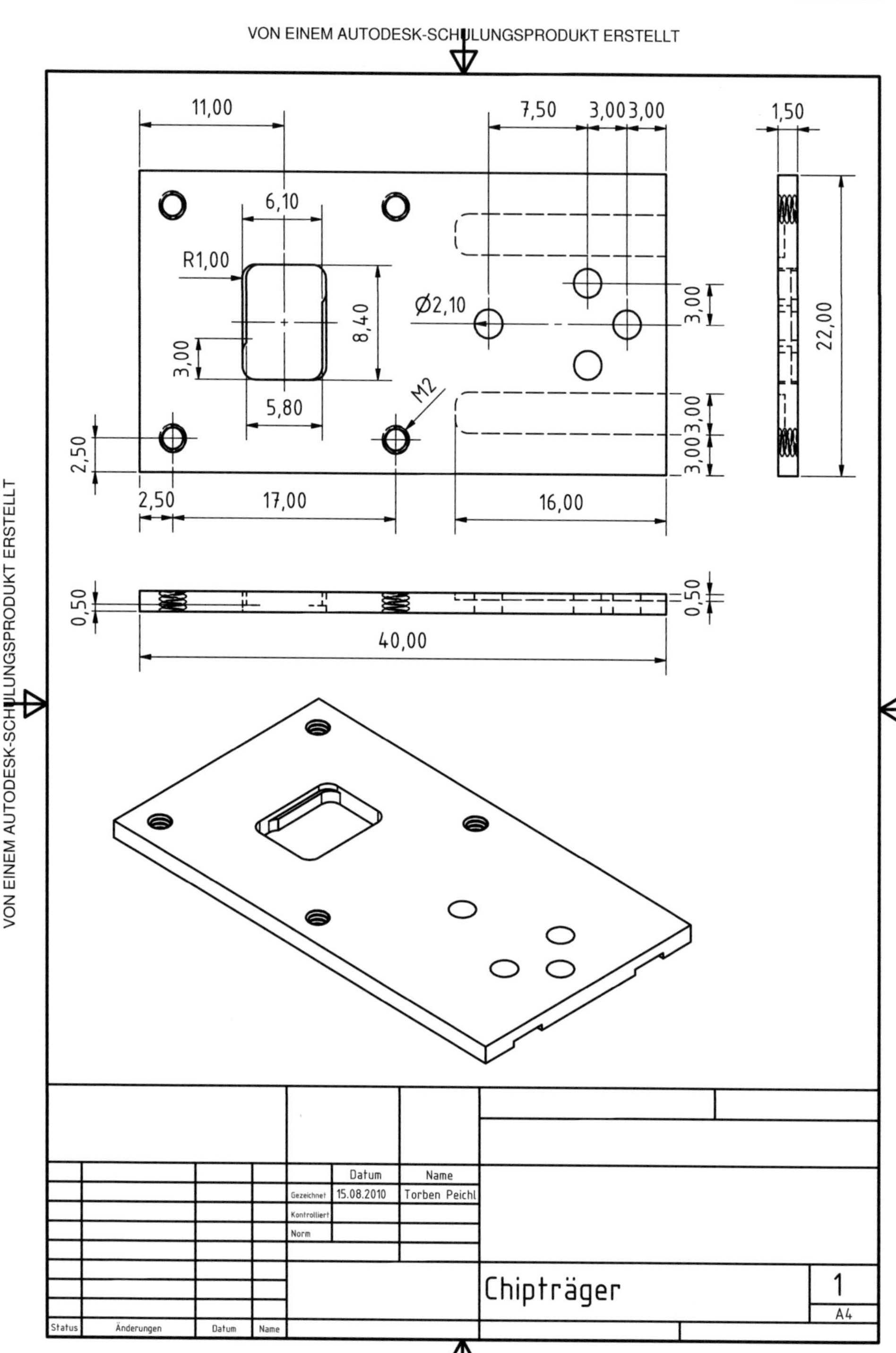
VON EINEM AUTODESK-SCHULUNGSPRODUKT ERSTELLT
VON EINEM AUTODESK-SCHULUNGSPRODUKT ERSTELLT
VON EINEM AUTODESK-SCHULUNGSPRODUKT ERSTELLT
VON EINEM AUTODESK-SCHULUNGSPRODUKT ERSTELLT
11,00
7,50
3,00
3,00
1,50
6,10
R1,00
Ø2,10
8,40
3,00
3,00
3,00
3,00
22,00
5,80
M2
2,50
2,50
17,00
16,00
0,50
0,50
40,00
Datum
Name
Gezeichnet
15.08.2010
Torben Peichl
Kontrolliert
Norm
Chipträger
1
A4
Status
Änderungen
Datum
Name

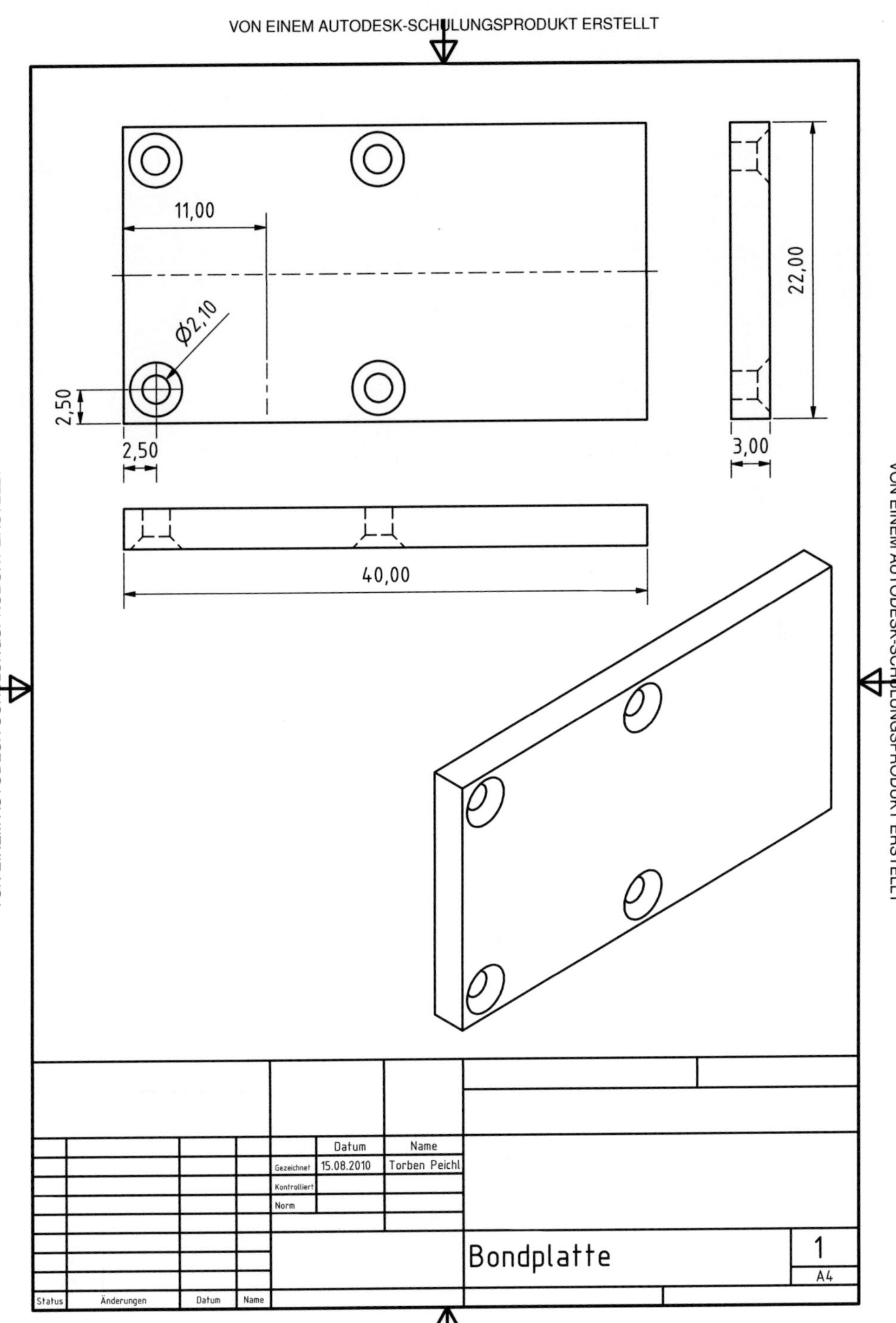
VON EINEM AUTODESK-SCHULUNGSPRODUKT ERSTELLT
11,00
Ø2,10
2,50
2,50
22,00
3,00
40,00
Datum
Name
Gezeichnet
15.08.2010
Torben Peichl
Kontrolliert
Norm
Bondplatte
1
A4
Status
Änderungen
Datum
Name
VON EINEM AUTODESK-SCHULUNGSPRODUKT ERSTELLT
VON EINEM AUTODESK-SCHULUNGSPRODUKT ERSTELLT
VON EINEM AUTODESK-SCHULUNGSPRODUKT ERSTELLT

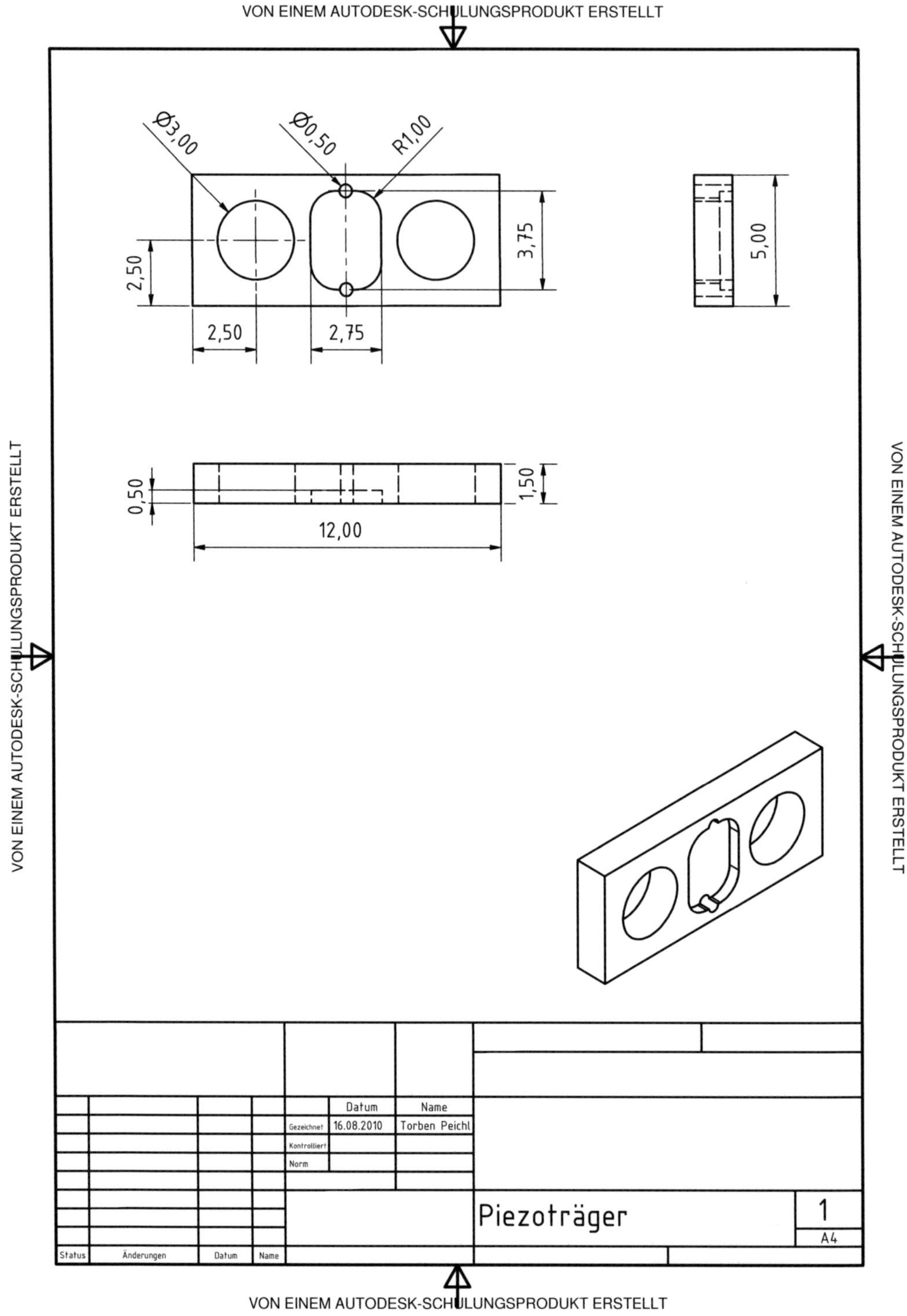

Ø3,00   Ø0,50   R1,00

2,50

3,75

5,00

2,50   2,75

0,50   1,50

12,00

				Datum	Name		
			Gezeichnet	16.08.2010	Torben Peichl		
			Kontrolliert				
			Norm				
						Piezoträger	1
							A4
Status	Änderungen	Datum	Name				

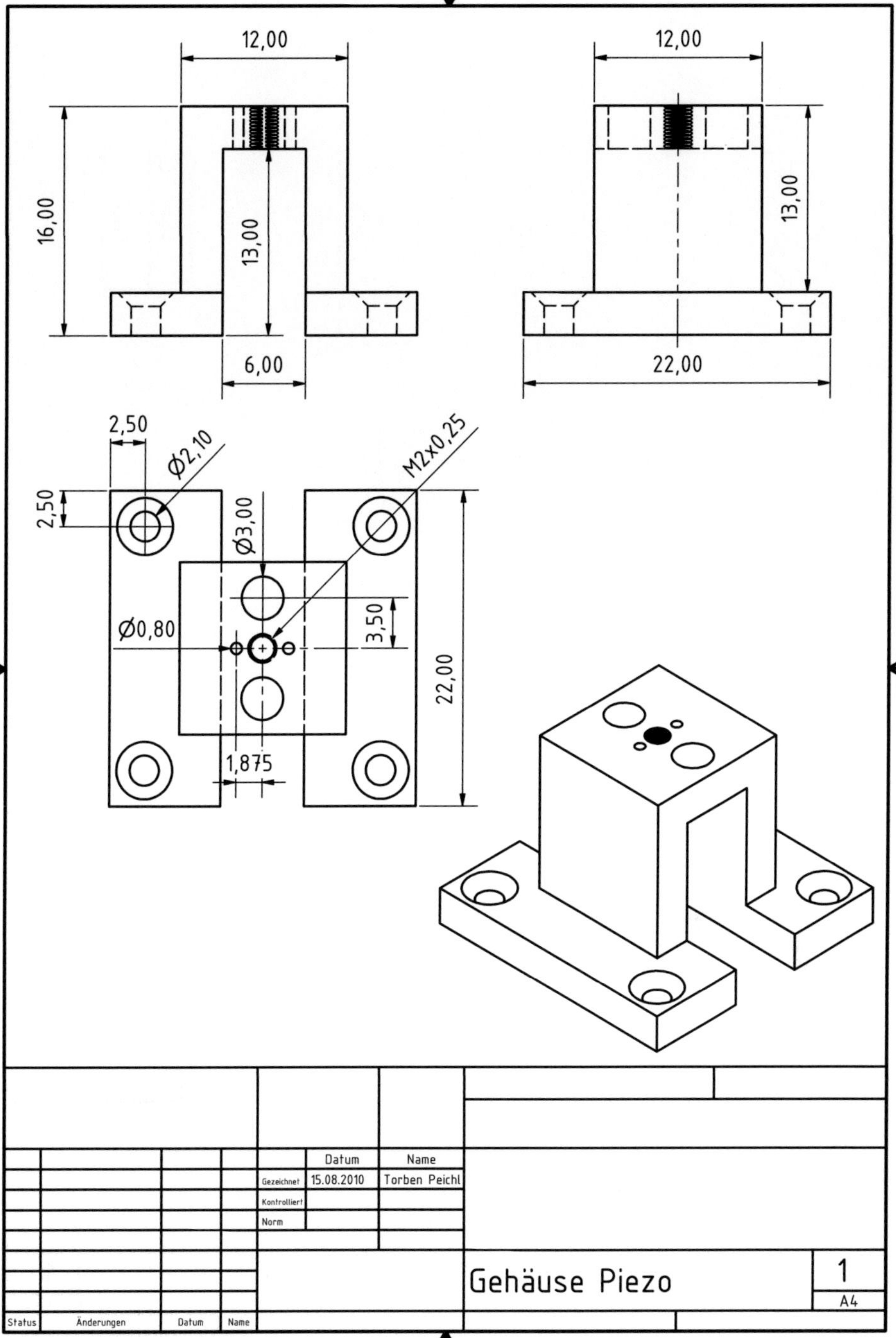

12,00

12,00

16,00

13,00

13,00

6,00

22,00

2,50

Ø2,10

2,50

Ø3,00

M2x0,25

Ø0,80

3,50

22,00

1,875

	Datum	Name
Gezeichnet	15.08.2010	Torben Peichl
Kontrolliert		
Norm		

| Status | Änderungen | Datum | Name |

Gehäuse Piezo

1

A4

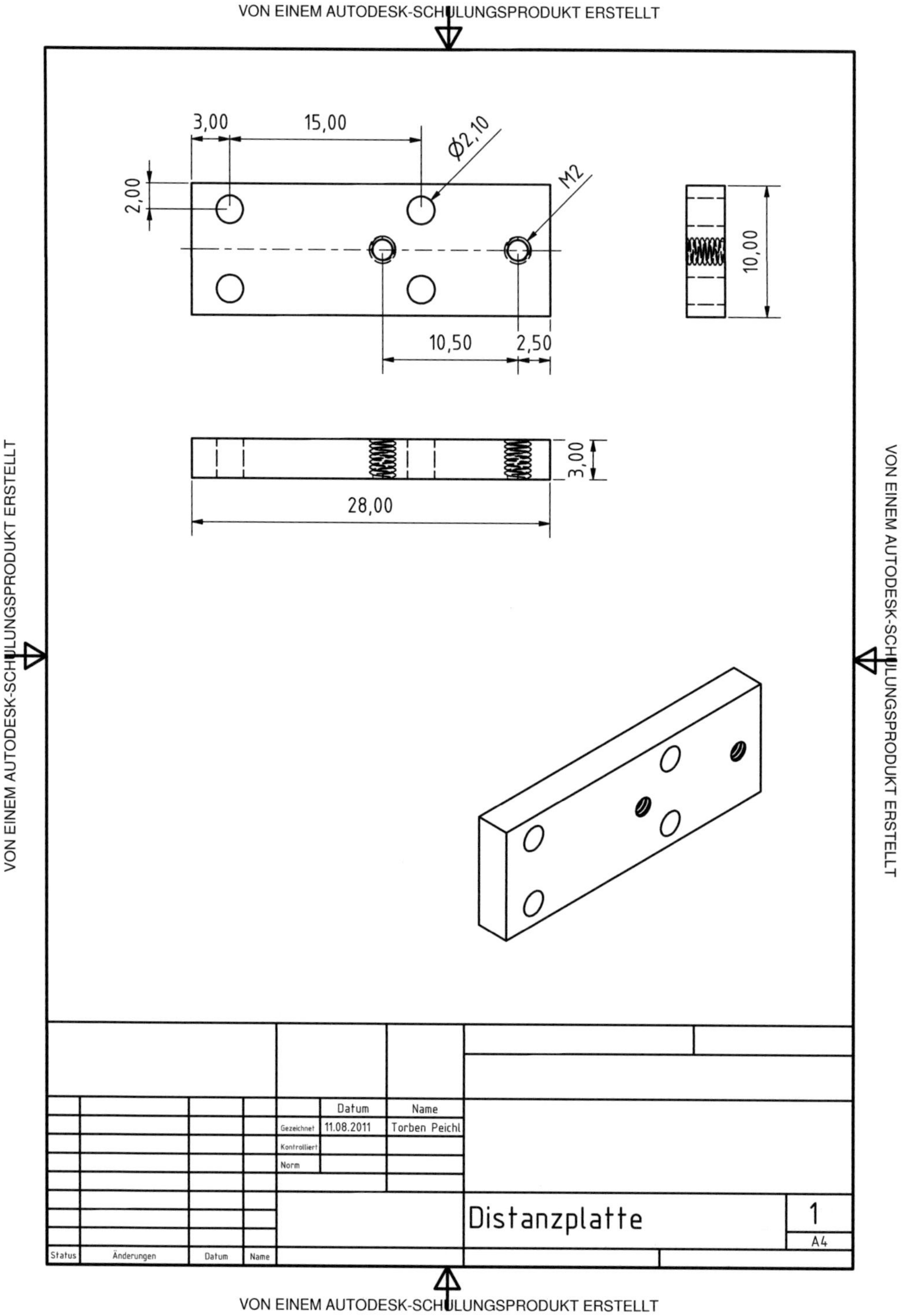

VON EINEM AUTODESK-SCHULUNGSPRODUKT ERSTELLT
3,00
15,00
⌀2,10
M2
2,00
10,00
10,50
2,50
3,00
28,00
VON EINEM AUTODESK-SCHULUNGSPRODUKT ERSTELLT
VON EINEM AUTODESK-SCHULUNGSPRODUKT ERSTELLT
Datum
Name
Gezeichnet
11.08.2011
Torben Peichl
Kontrolliert
Norm
Distanzplatte
1
A4
Status
Änderungen
Datum
Name
VON EINEM AUTODESK-SCHULUNGSPRODUKT ERSTELLT

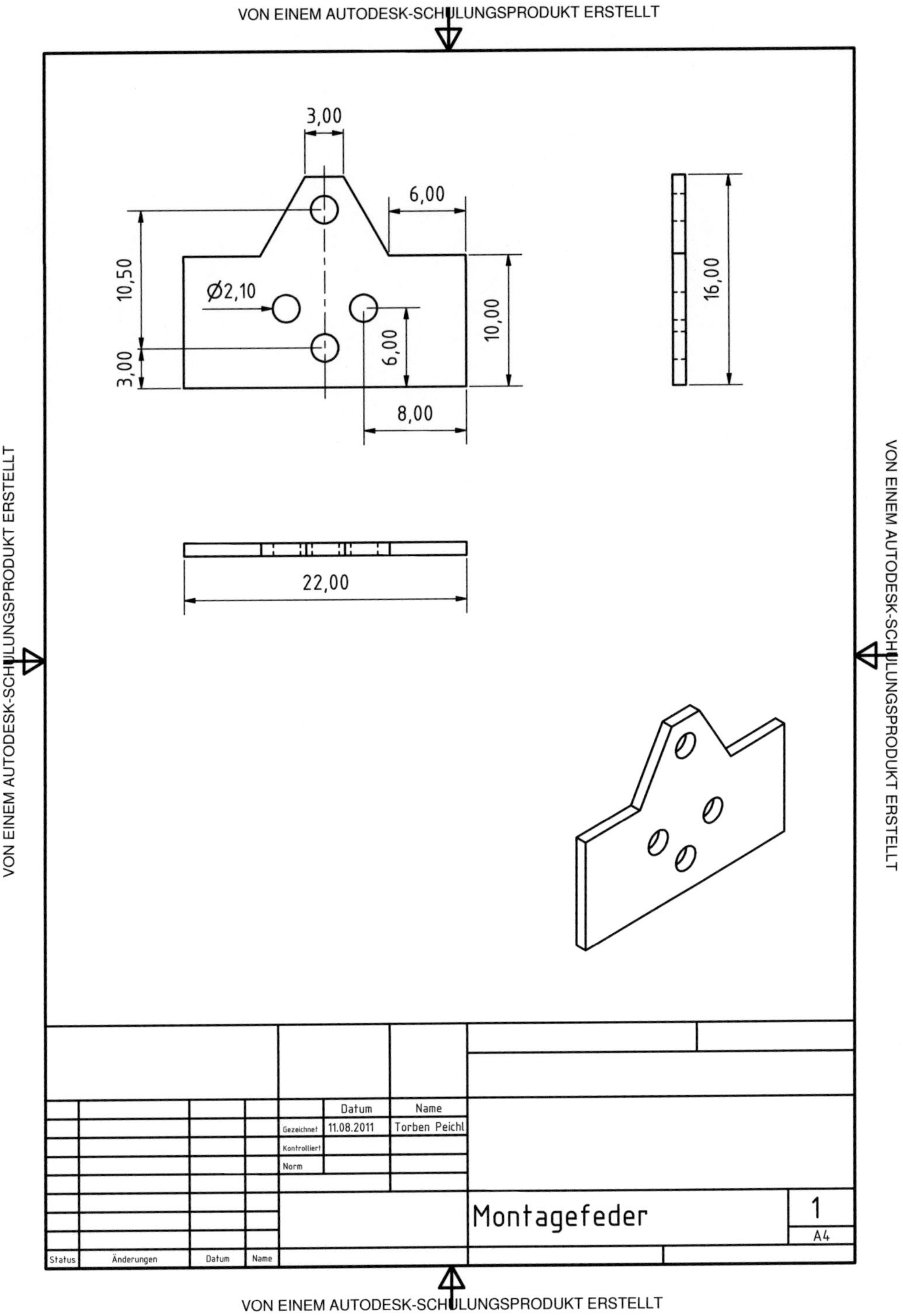
VON EINEM AUTODESK-SCHULUNGSPRODUKT ERSTELLT
3,00
6,00
10,50
Ø2,10
3,00
6,00
10,00
8,00
16,00
22,00
Datum
Name
Gezeichnet
11.08.2011
Torben Peichl
Kontrolliert
Norm
Montagefeder
1
A4
Status
Änderungen
Datum
Name

Literatur

[1] V. L. Ginzburg und L. D. Landau. „On the theory of superconductivity". In: *Zh. Eksp. Teor. Fiz.* **20** (1950), S. 1064 (siehe S. 6).

[2] B. D. Josephson. „Possible new effects in superconductive tunnelling". In: *Physics Letters* **1** (1962), 251-253. DOI: `10.1016/0031-9163(62)91369-0` (siehe S. 6).

[3] B. D. Josephson. „Supercurrents through barriers". In: *Advances in Physics* **14** (1965), 419-451. DOI: `10.1080/00018736500101091` (siehe S. 7).

[4] D. E. McCumber. „Effect of ac impedance on dc voltage-current characteristics of superconductor weak-link junctions". In: *Journal of Applied Physics* **39** (1968), 3113-3119. DOI: `10.1063/1.1656743` (siehe S. 8).

[5] W. C. Stewart. „Current-Voltage characteristics of Josephson junctions". In: *Applied Physics Letters* **12** (1968), 277-280. DOI: `10.1063/1.1651991` (siehe S. 8).

[6] M. Weihnacht. „Influence of film thickness on D.C. Josephson current". In: *Physica Status Solidi* **32** (1969), K169-K172. DOI: `10.1002/pssb.19690320259` (siehe S. 8).

[7] R. C. Zeller und R. O. Pohl. „Thermal conductivity and specific heat of noncrystalline solids". In: *Physical Review B* **4** (1971), 2029-2041. DOI: `10.1103/PhysRevB.4.2029` (siehe S. 19, 24, 25, 27).

[8] P. W. Anderson, B. I. Halperin und C. M. Varma. „Anomalous low-temperature thermal properties of glasses and spin glasses". In: *Philosophical Magazine* **25** (1972), 1-9. DOI: `10.1080/14786437208229210` (siehe S. 19).

[9] J. Jäckle. „On the ultrasonic attenuation in glasses at low temperatures". In: *Zeitschrift für Physik* **257** (1972), 212-223. DOI: `10.1007/BF01401204` (siehe S. 27).

[10] W. A. Phillips. „Tunneling states in amorphous solids". In: *Journal of Low Temperature Physics* **7** (1972), 351-360. DOI: `10.1007/BF0066 0072` (siehe S. 19).

[11] S. Hunklinger, W. Arnold und S. Stein. „Anomalous ultrasonic attenuation in vitreous silica at low temperatures". In: *Physics Letters A* **45** (1973), 311-312. DOI: `10.1016/0375-9601(73)90093-5` (siehe S. 25, 27).

[12] L. Piché, R. Maynard, S. Hunklinger u. a. „Anomalous sound velocity in vitreous silica at very low temperatures". In: *Physical Review Letters* **32** (1974), 1426-1429. DOI: `10.1103/PhysRevLett.32.1426` (siehe S. 25, 27).

[13] Brage Golding und John E. Graebner. „Phonon echoes in glass". In: *Physical Review Letters* **37** (1976), 852-855. DOI: `10.1103/PhysRe vLett.37.852` (siehe S. 25, 27).

[14] Baruch Fischer und Michael W. Klein. „Thermal expansion of doped alkali halides and glasses at low temperatures". In: *Solid State Communications* **35** (1980), 37-39. DOI: `10.1016/0038-1098(80)907 65-6` (siehe S. 26).

[15] W. A. Phillips, D. L. Weaire, R. O. Pohl u. a. *Amorphous Solids - Low-Temperature Properties*. Hrsg. von W. A. Phillips. Springer, 1981. ISBN: 978-3540103301 (siehe S. 20, 26, 33).

[16] A. C. Anderson. „On the coupling between two-level states and strains in amorphous solids". In: *Journal of Non-Crystalline Solids* **85** (1986), 211-216. DOI: `10.1016/0022-3093(86)90092-X` (siehe S. 26).

[17] P. Esquinazi, A. Nittke, S. Sahling u. a. *Tunneling Systems in Amorphous and Crystalline Solids*. Hrsg. von P. Esquinazi. Springer, 1998. ISBN: 978-3540639602 (siehe S. 20, 25).

[18] Silke Brouër. „Zeitliche Fluktuationen im Leitwert mesoskopischer Wismutdrähte". Dissertation. Universität Karlsruhe (TH), 1999 (siehe S. 20, 34, 58).

[19] David P. DiVincenzo. „The physical implementation of quantum computation". In: *Fortschritte der Physik* **48** (2000), 771-783. DOI: `10.1 002/1521-3978(200009)48:9/11<771::AID-PROP771>3.0.CO ;2-E` (siehe S. 5).

[20]   Christian Enss und Siegried Hunklinger. *Tieftemperaturphysik*. Springer, 2000. ISBN: 978-3540676744 (siehe S. 20).

[21]   Michael A. Nielsen und Isaac L. Chuang. *Quantum Computation and Quantum Information*. Cambridge University Press, 2000. ISBN: 978-1107002173 (siehe S. 5).

[22]   John M. Martinis, S. Nam, J. Aumentado u. a. „Rabi oscillations in a large Josephson-Junction qubit". In: *Physical Review Letters* **89** (2002), 117901-117905. DOI: `10.1103/PhysRevLett.89.117901` (siehe S. 11).

[23]   Ralf Haueisen. „Magnetfeldabhängigkeit der dielektrischen Eigenschaften von Gläsern bei tiefen Temperaturen". Dissertation. Universität Karlsruhe (TH), 2003 (siehe S. 20, 29).

[24]   John Clarke, Alex I. Braginski, Robin Cantor u. a. *The SQUID Handbook*. Hrsg. von John Clarke und Alex I. Braginski. I Fundamentals and Technology of SQUIDs and SQUID Systems. Wiley-VCH, 2004. ISBN: 978-3527402298 (siehe S. 12).

[25]   R. W. Simmonds, K. M. Lang, D. A. Hite u. a. „Decoherence in Josephson phase qubits from junction resonators". In: *Physical Review Letters* **93** (2004), 077003-077007. DOI: `10.1103/PhysRevLett.93.077003` (siehe S. 16, 42, 52).

[26]   Ahmet Tari. *The Specific Heat of Matter at Low Temperatures*. Imperial College Press, 2004. ISBN: 978-1860943140 (siehe S. 23).

[27]   Lara Faoro, Joakim Bergli, Boris L. Altshuler u. a. „Models of Environment and T_1 Relaxation in Josephson Charge Qubits". In: *Physical Review Letters* **95** (2005), S. 046805. DOI: `10.1103/PhysRevLett.95.046805` (siehe S. 17).

[28]   R. P. Taylor, G. F. Nellis, S. A. Klein u. a. „Measurements of the Material Properties of a Laminated Piezoelectric Stack at Cryogenic Temperatures". In: *AIP Conference Proceedings* **824** (2006), 200-207. DOI: `10.1063/1.2192352` (siehe S. 50, 51).

[29]   Lara Faoro und Lev B. Ioffe. „Microscopic origin of critical current fluctuations in large, small, and ultra-small area Josephson junctions". In: *Physical Review B* **75** (2007), S. 132505. DOI: `10.1103/PhysRevB.75.132505` (siehe S. 17).

[30] Jürgen Lisenfeld. „Experiments on superconducting Josephson Phase Quantum Bits". Dissertation. Friedrich-Alexander-Universität Erlangen-Nürnberg, 2007 (siehe S. 6, 10, 45, 46).

[31] Siegried Hunklinger. *Festkörperphysik*. Oldenbourg, 2009. ISBN: 978-3486590456 (siehe S. 19).

[32] John M. Martinis. „Coherent interactions between phase qubits, cavities and TLS defects". In: *Quantum Information Processing* **8** (2009), 81-103. DOI: `10.1007/s11128-009-0105-1` (siehe S. 6, 12).

[33] Rogério de Sousa, K. Birgitta Whaley, Theresa Hecht u. a. „Microscopic model of critical current noise in Josephson-junction qubits: Subgap resonances and Andreev bound states". In: *Physical Review B* **80** (2009), S. 094515. DOI: `10.1103/PhysRevB.80.094515` (siehe S. 17).

[34] Grigorij Grabovskij. „Coherent manipulation of microscopic defects in a superconducting phase qubit". Diplomarbeit. Karlsruher Institut für Technologie, 2010 (siehe S. 6, 16, 41, 46).

[35] V. V. Schmidt. *The Physics of Superconductors: Introduction to Fundamentals and Applications*. Springer, 2010. ISBN: 978-3642082511 (siehe S. 11).

[36] *Autodesk® Inventor® 2011 Professional Suite - Studentenversion*. Autodesk, Inc. 2011. URL: `http://www.autodesk.de/` (siehe S. 38).

[37] *material property data*. MatWeb, LLC. 2011. URL: `http://www.matweb.com/` (siehe S. 39).

[38] PI Ceramic GmbH. *P-882 · P-888 PICMA® Multilayer Piezo Stack Actuators*. Stand: 17.8. 2011. URL: `http://www.piceramic.com/datasheet/P882_Multilayer_Piezo_Stack_Actuator_Datasheet.pdf` (siehe S. 34).

[39] PI Ceramic GmbH. *Piezo Material Data*. Stand: 17.8. 2011. URL: `http://piceramic.com/datasheet/Piezo_Material_Datasheet_Cofefficients_Temperature_Measurements.pdf` (siehe S. 35).

[40] PI Ceramic GmbH. *Tutorium: Nanopositionieren mit Piezos*. Stand: 17.8. 2011. URL: `http://www.physikinstrumente.de/de/pdf/Piezo-Tutorium.pdf` (siehe S. 34, 51).

[41] Grigorij J. Grabovskij, Torben Peichl, Jürgen Lisenfeld u. a. „Strain tuning of individual atomic tunneling systems detected by a superconducting qubit". [zur Veröffentlichung eingereicht] (siehe S. 63, 66).

Danksagung

An erster Stelle danke ich Professor Georg Weiß für die Betreuung meiner Promotion, für die aufschlussreichen wissenschaftlichen Diskussionen und die gute Atmosphäre in unserer Arbeitsgruppe.

Professor Alexey Ustinov danke ich für die Übernahme des Korreferats und die Möglichkeit die Experimente in Kooperation mit seiner Arbeitsgruppe durchführen zu können.

Für ihre Unterstützung, die Einführung in die Arbeit mit den Phasen-Qubits und der Tatsache, dass sie mir bei Fragen immer zur Verfügung standen, danke ich Jürgen Lisenfeld und Grigorij Grabovskij.

Bei unserer feinmechanischen Werkstatt bedanke ich mich für die Fertigung des Probenhalters und die Unterstützung die Infrastruktur unserer Arbeitsgruppe in Schuss zu halten. Mein besonderer Dank geht dabei an unseren ehemaligen Werkstattleiter Reinhold Dehm, der aufgrund seiner langjährigen Erfahrung, auch in kniffeligen Situationen, immer mit hilfreichen Vorschlägen bei der praktische Umsetzung unterstützen konnte.

Bei der elektronischen Werkstatt bedanke ich mich stellvertretend für die vielen kleinen Hilfen bei der täglichen Laborarbeit bei Herrn Ulrich Opfer und für die fachliche Beratung in elektrotechnischen Belangen bei unserem Werkstattleiter Herrn Roland Jehle.

Für die Betreuung des Helium-Verflüssigers und seinem damit verbundenen Einsatz, uns den nahezu kontinuierlichen Betrieb der Experimente zu ermöglichen, danke ich Franz Hartlieb.

Außerdem möchte ich mich bei Christoph Sürgers bedanken, der mich beim Aufbau der ZnO-Sputter-Anlage unterstützt und meine ersten Proben im Röntgendiffraktometer charakterisiert hat.

Michael Marz, Richard Montbrun, Dominik Stöffler und Tihomir Tomanic, die in den letzten fünf Jahren ebenfalls an ihrer Promotion gearbeitet haben, danke ich für die gute Zusammenarbeit.

Für die netten Diskussionen in der Kaffeerunde und ihre Unterstützung bei allen möglichen Belangen innerhalb der Fakultät danke ich Veronika Fritsch, Gerda Fischer und Bernd Pilawa.

Christopher Reiche danke ich für sein Engagement für unsere Arbeitsgruppe und die Entlastung die er mir damit während dem Erstellen meiner Dissertation geschaffen hat. Außerdem Danke ich ihm für das Korrekturlesen der Arbeit und seine kritischen Kommentare.

Für seine Arbeit im Bereich der Punktkontaktspektroskopie und den damit verbundenen Diskussionen über meine eigene Diplomarbeit, danke ich Jörg Gramich und gratuliere ihm zu seinen Ergebnissen.

Ferhat Aslan, der mir ebenfalls viele Arbeiten innerhalb der Arbeitsgruppe abgenommen hat, wünsche ich alles Gute für seine Zukunft als Lehrer.

Allen anderen Institutsmitgliedern möchte ich für die gemeinsame Zeit danken. Ich habe mich am PI immer sehr wohl gefühlt.

Ewald Freiburger danke ich für das Korrekturlesen der Arbeit und die hilfreichen Diskussionen bei der Vorbereitung meines Abschlussvortrages.

Abschließend geht ein ganz herzliches Dankeschön an meine Eltern. Sie haben mich in der ganzen Zeit ertragen und mir den Rückhalt gegeben, den ich gebraucht habe um auch bei Rückschlägen nicht das Handtuch zu werfen.

Experimental Condensed Matter Physics
(ISSN 2191-9925)

Herausgeber
Physikalisches Institut
> Prof. Dr. Hilbert von Löhneysen
> Prof. Dr. Alexey Ustinov
> Prof. Dr. Georg Weiß
> Prof. Dr. Wulf Wulfhekel

Die Bände sind unter www.ksp.kit.edu als PDF frei verfügbar oder
als Druckausgabe bestellbar.

Band 1   Alexey Feofanov
Experiments on flux qubits with pi-shifters. 2011
ISBN 978-3-86644-644-1

Band 2   Stefan Schmaus
Spintronics with individual metal-organic molecules. 2011
ISBN 978-3-86644-649-6

Band 3   Marc Müller
Elektrischer Leitwert von magnetostriktiven Dy-Nanokontakten. 2011
ISBN 978-3-86644-726-4

Band 4   Torben Peichl
**Einfluss mechanischer Deformation auf atomare Tunnelsysteme –
untersucht mit Josephson Phasen-Qubits.** 2012
ISBN 978-3-86644-837-7